Karima Cheggari

Effet de la coagulation avant chloration sur la qualité des eaux

AF198152

Karima Cheggari

Effet de la coagulation avant chloration sur la qualité des eaux

Effet de la chloration sur la qualité des eaux de surface pré-coagulées: cas de la formation des THM et COX

Presses Académiques Francophones

Impressum / Mentions légales
Bibliografische Information der Deutschen Nationalbibliothek: Die Deutsche Nationalbibliothek verzeichnet diese Publikation in der Deutschen Nationalbibliografie; detaillierte bibliografische Daten sind im Internet über http://dnb.d-nb.de abrufbar.

Information bibliographique publiée par la Deutsche Nationalbibliothek: La Deutsche Nationalbibliothek inscrit cette publication à la Deutsche Nationalbibliografie; des données bibliographiques détaillées sont disponibles sur internet à l'adresse http://dnb.d-nb.de.

Coverbild / Photo de couverture: www.ingimage.com

Verlag / Editeur:
Presses Académiques Francophones
ist ein Imprint der / est une marque déposée de
OmniScriptum GmbH & Co. KG
Heinrich-Böcking-Str. 6-8, 66121 Saarbrücken, Deutschland / Allemagne
Email: info@presses-academiques.com

Herstellung: siehe letzte Seite /
Impression: voir la dernière page
ISBN: 978-3-8381-7059-6

RÉSUMÉ

La pollution des eaux naturelles a augmenté d'une manière importante ces dernières décennies, ce qui rend l'eau de plus en plus chargée en matières organiques et minérales. La chloration des eaux de surface en vue de sa désinfection peut conduire à la formation de composés organohalogénés (COX) et surtout de trihalométhanes (THM) présentant des risques toxicologiques. Ce travail avait pour but d'étudier la demande en chlore et de suivre la formation des sous-produits de désinfection (SPD) suivant différentes filières de traitement des eaux polluée par la matière organique, naturelle ou bien anthropique, susceptible d'être présente dans les eaux de surface. L'objectif de cette étude est la détermination et le suivi des sous-produits de désinfection halogénés des eaux naturelles et en particulier les eaux servant à la production d'eau potable pour la ville de Casablanca. Dans un premier temps, un suivi des paramètres physicochimiques des eaux naturelles, a été effectué dans le but de caractériser ces eaux, pour lesquelles la demande en chlore a été déterminée à partir du traçage de la courbe de point de rupture (Break point). Dans un deuxième temps, des eaux contaminées par différents précurseurs ont été synthétisées au laboratoire, sur la base des résultats des analyses effectuées précédemment. Ces eaux ont fait l'objet elles aussi, de la détermination des courbes de point de rupture afin de savoir la demande en chlore. Afin d'évaluer les conséquences de la chloration sur des précurseurs THM, des tests de suivi des trihalométhanes (THM) et des composés organohalogénés (COX), avant et après coagulation ont été élaborés.

Les résultats ont montré une forte liaison entre la demande chimique en oxygène (DCO), le carbone organique totale (COT), la teneur en trihalométhanes (THM) et les composés organohalogénés (COX) formé après chloration. Aussi, les résultats ont montré que la coagulation avant chloration joue un rôle important dans la diminution des sous-produits de désinfection (SPD). Les différents essais du présent travail ont été réalisés, dans le cadre d'un stage, au sein des Laboratoires de l'institut national de la recherche scientifique, Eau Terre et Environnement (INRS-ETE) Québec, Canada.

TABLE DES MATIÈRES

CHEGGARI Karima Thèse de Doctorat National en Chimie de l'Eau et de l'Environnement

3

LISTE DES FIGURES

CHEGGARI Karima Thèse de Doctorat National en Chimie de l'Eau et de l'Environnement

LISTE DES TABLEAUX

CHEGGARI Karima Thèse de Doctorat National en Chimie de l'Eau et de l'Environnement

CHEGGARI Karima Thèse de Doctorat National en Chimie de l'Eau et de l'Environnement

LISTE DES ABRÉVIATIONS

CPR : Courbe de Point de Rupture

THM : Trihalométhanes

COX : Composés Organohalogénés

SPD : Sous-produits de Désinfection

DCO : Demande Chimique en Oxygène

COT : Carbone Organique Total

N_T : Azote Total

ICP : Couplage à Plasma Inductif

hab : habitant

MON : Matières Organiques Naturelles

ONEP : Office National de l'Eau Potable

SEOER : Société de l'Eau d'Oum Erbia

DGH: Direction Générale de l'Hydraulique

MOF: Matières Organiques Fermentescibles

MO: Matières organiques

ppm: partie par million

P: Précurseur

INTRODUCTION

La pollution de l'eau est une altération de sa qualité et de sa nature qui rend son utilisation dangereuse et (ou) perturbe l'écosystème aquatique. Elle peut concerner les eaux superficielles (rivières, plans d'eau) et/ou les eaux souterraines. Elle a pour origines principales l'activité humaine, les industries, l'agriculture et les décharges de déchets domestiques et industriels (Arris, 2008).

Au Maroc, l'augmentation de la population, l'urbanisation croissante, l'industrialisation, et l'intensification de l'agriculture font que les usagers de l'eau se sont multipliés et sa consommation a connu un énorme accroissement. Les ressources hydriques dont dispose le Maroc sont limitées. Étant doté d'un climat aride à semi aride et suite à la succession des épisodes de sécheresses, une politique de préservation de ces ressources en eaux a été adoptée. Les ressources en eau renouvelables sont évaluées à 29 milliards de m^3/an, soit un peu plus de 1000 m^3/hab/an. Les ressources qui peuvent être techniquement et économiquement mobilisables ne dépassent pas 21 milliards de m^3/an, soit en 1996, 830 m^3/hab/an et 411 m^3/hab/an en 2020 selon les projections de la Direction générale de l'hydraulique (DGH) (Khlil, 2012).

Malgré cette politique de préservation la pollution des eaux naturelles au Maroc a augmenté d'une manière importante ces dernières décennies, ce qui rend l'eau de plus en plus chargée en matières organiques, par conséquent rend leur traitement (potabilisation) plus délicate nécessitant ainsi un procédé adapté.

L'alimentation en eau potable au Maroc se fait en majorité par les eaux de surface. 65% de ces ressources sont localisées dans les bassins atlantiques du Nord et du Centre (Benezha,2007).

Le centre du Maroc regroupe la plus forte concentration démographique représentée par la population de la grande wilaya de Casablanca.

Cette dernière étant alimentée par deux types d'eau et qui sont :

✓ Les eaux superficielles : 98% soit 159 Mm^3 /an
✓ Les eaux souterraines : 2% soit 3 Mm^3/ an

CHEGGARI Karima Thèse de Doctorat National en Chimie de l'Eau et de l'Environnement

L'eau distribuée à la population de la grande wilaya de Casablanca provenant des eaux superficielles est produite par deux sociétés de production de l'eau potable :

➤ L'Office National des Eaux Potables (ONEP) à partir de deux barrages :
  ✓ Barrage Sidi Mohamed Ben Abdellah sur l'Oued Bouregreg
  ✓ Barrage Daourat sur l'Oued Oum Erbia
➤ La Société des Eaux d'Oued Oum Erbia (SEOER) qui exploite le barrage de Sidi Said Mâachou sur l'oued Oum Erbia. (Zidane et al., 2004).

Les eaux naturelles de Bouregreg et d'Oum Erbia sont cibles de plusieurs sources de pollution, généralement déversées à l'état brut ce qui charge ces eaux par plusieurs précurseurs facilement et difficilement oxydables par le chlore. (Benezha, 2007)

Ces deux sociétés de production de l'eau potable adoptent un traitement qui se base principalement sur la chloration. La Norme Marocaine des eaux potables (NM 03.7.001) publiée en février 2004 exige que les teneurs en chlore résiduel doivent être comprises entre 0,5 à 1 mg/l à la production et 0, 1 à 0,5 mg/l à la distribution.

Notons que le chlore est un bon désinfectant, il garantie au consommateur d'avoir au robinet une eau saine et bien désinfectée. Une fois dans l'eau, le chlore réagit également avec la matière organique (naturelle ou anthropique) donnant naissance à des composés toxiques qu'on appelle les sous-produits de désinfection (SPD).

Afin de voir les conséquences de l'utilisation du chlore dans la chaîne de traitement des eaux potables au Maroc. L'objectif principal de cette thèse est de suivre la formation des sous-produits de chloration (trihalométhanes et composées organohalogénés) dans les eaux de surface alimentant la ville de Casablanca en eau potable. Et de voir les différentes conditions qui favorisent ou défavorisent la formation des trihalométhanes (THM) et composés organohalogénés (COX).

Ce mémoire est divisé en six chapitres :

➤ Le premier chapitre est consacré à une synthèse bibliographique essentiellement axée sur la chimie du chlore en milieu aqueux, la détermination de la demande en chlore (Courbe de point de rupture, CPR), les réactions de formation et de décomposition des chloramines lors des réactions d'oxydation de l'azote

17

ammoniacal par le chlore. Et aussi les réactions entre le chlore et les grandes classes de composés organiques conduisant à la formation des sous-produits de désinfection (THM et COX).

➢ Le deuxième chapitre présente les différents sites de prélèvement des eaux brutes et traitées ainsi que les différents paramètres, matériels et méthodes utilisés dans la partie expérimentale pour l'élaboration des résultats de la présente étude.

➢ Le troisième chapitre consiste à caractériser les eaux de surface de Bouregreg et d'Oum Erbia et les eaux de réservoir de Tit Mellil alimentant la ville de Casablanca, à déterminer la demande de ces eaux, à suivre enfin la formation des SPD (THM et COX).

➢ Afin de voir l'effet de la chloration sur des eaux contaminées par la matière organique naturelle (acide humique), dans le quatrième chapitre nous avons contaminé des eaux de surfaces naturelles et des eaux synthétisées au laboratoire similaires aux eaux de surfaces naturelles caractérisées préalablement dans le troisième chapitre. Ces eaux ont été contaminées par différentes concentrations de l'acide humique. De même, une caractérisation, une détermination de la demande en chlore et un suivi des sous-produits de chloration (THM et COX) ont été réalisés pour toutes ces eaux.

➢ Le cinquième chapitre consiste à etudier l'effet de la nature de la pollution,soit le rapport (COT/DCO) sur des eaux qui ont subit un traitement basé sur la chloration et qui est généralement appliquée dans les procédés de traitement de l'eau potable au Maroc. Pour cela nous avons contaminé les eaux de surfaces naturelles par différents précurseur (résorcinol, phénol et acétone). Une détermination de la demande en chlore et un suivi de THM et COX ont été réalisés pour chaque type de contamination.

➢ Enfin, pour voir l'effet de la coagulation avant la chloration directe de ces eaux sur la formation des SPD, le sixième chapitre consiste à faire un suivi de THM et COX après coagulation des eaux synthétiques et naturelles par le sulfate d'aluminium (avant et après contamination).

Des parties de cette thèse ont déjà été traitées sous forme d'articles scientifiques intitulés :

- Fatiha ZIDANE, <u>Karima CHEGGARI</u>, Jean-François BLAIS, Patrick DROGUI, Jalila BENSAID et Said IBN AHMED (2010) «Contribution à l'étude de l'effet de la coagulation avant chloration sur la formation des trihalométhanes (THM) et composés organohalogénés (COX) dans les eaux alimentant la ville de Casablanca au Maroc», <u>Revue canadienne de Génie civil,</u> volume 37 (8), p : 1149-1156.

- Fatiha ZIDANE, <u>Karima CHEGGARI</u>, Jean-François BLAIS , Naima KHLIL , Patrick DROGUI et Jalila BENSAID (2012) « Effet de la chloration sur la formation de trihalométhanes dans les eaux alimentant la ville de Casablanca au Maroc » J. <u>Mater. Environ. Sci.</u> Volume 3 (1), p : 99-108 , ISSN: 2028-2508.

- Fatiha ZIDANE, <u>Karima CHEGGARI</u>, Jean-François BLAIS, Patrick DROGUI, Naima KHLIL, Jalila BENSAID et Said IBN AHMED. « Effet de la pollution organique sur la formation de trihalométhanes et des composés organohalogénés : Cas des eaux de consommation de la ville de Casablanca au Maroc » Accepté sous le code <u>2011-0390</u> au <u>Canadian Journal of Civil Engineering</u>

CHAPITRE I

SYNTHÈSE

BIBLIOGRAPHIQUE

CHAPITRE I :   SYNTHÈSE BIBLIOGRAPHIQUE

I.1. Ressources en eau

L'eau est une ressource naturelle à la base de la vie et une denrée essentielle à la majeure partie des activités économiques de l'homme. Elle est également rare et constitue en fait une ressource dont la disponibilité est marquée par une irrégularité prononcée dans le temps et dans l'espace. Elle est enfin fortement vulnérable aux effets négatifs des activités humaines.

Le changement climatique a plusieurs effets sur l'environnement et surtout sur la qualité des eaux de surface naturelles destinées à l'alimentation humaine.

La pollution des eaux naturelles a augmenté d'une manière importante ces dernières décennies, ce qui rend l'eau de plus en plus chargée en matières organiques et minérales.

Dans de nombreux pays en développement, de 80% à 90% des eaux usées déversées sur les côtes sont des effluents bruts, c'est à dire des rejets qui n'ont pas été traités. La pollution, liée à une démographie galopante dans les zones côtières et à des infrastructures d'assainissement et de traitement des déchets inadéquats, constitue une menace pour la santé publique. Pourtant, du fait de la mauvaise gestion, de moyens limités et des changements environnementaux, quasiment un habitant de la planète sur cinq n'a toujours pas accès à l'eau potable et 40% de la population mondiale ne dispose pas d'un service d'assainissement de base, indique le deuxième rapport mondial des Nations Unies sur la mise en valeur des ressources en eau. Le manque d'accès à l'eau potable et à l'assainissement tue 8 millions d'êtres humains chaque année et représente à ce titre la première cause de mortalité dans le monde, un défi majeur et crucial pour l'humanité. (Arris, 2008)

I.1.1. Cycle de l'eau

L'eau sur terre effectue un cycle qui la fait passer successivement par tous ses états. Sous forme de gaz, à l'état de vapeur d'eau dans l'atmosphère, sous forme

CHEGGARI Karima Thèse de Doctorat National en Chimie de l'Eau et de l'Environnement

liquide tombant en pluie. Ces trois réservoirs qui constituent l'hydrosphère sont interconnectés et sont objet de transferts incessants de grandes quantités d'eau. C'est le cycle de l'eau (Figure1).

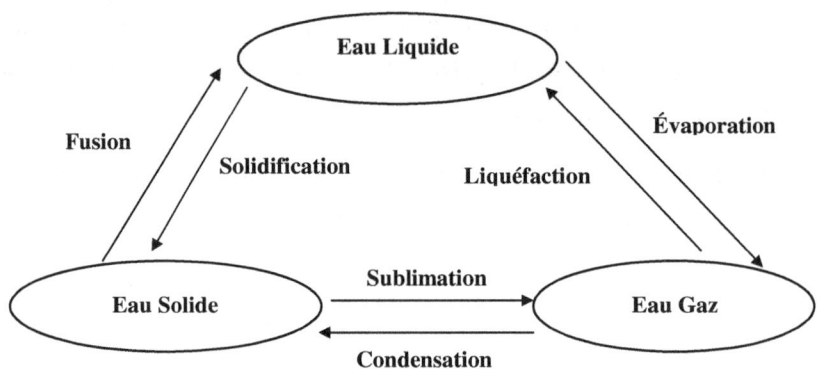

Figure 1 : Schéma du cycle de l'eau

L'approvisionnement en eau douce est le mouvement perpétuel dans ce cycle hydrologique, le mouvement sans fin de l'eau entre les océans, l'air et la terre. Chaque année, la chaleur du soleil entraine l'évaporation de quelque 500000 km^3 d'eau de la surface terrestre dont 86% provenant des océans et 14% des terres. Une quantité égale retombe sur terre sous forme de pluis, de grêle ou de neige. Mais le processus retourne plus d'eau à la terre que la quantité évaporée. Sans compter l'eau présente dans les tissus des être vivants, qui en consommant et en rejettent eux-mêmes, toute molécule d'eau ne sort jamais de ce cycle qui peut pourtant se dérégler. Le world Ressource Institute estime que ce cycle distille et transfère 41000 km^3 d'eau des océans aux continents chaque année. Pour compléter le cycle naturel, l'eau retourne ensuite aux océans par voie d'écoulement, puis le cycle recommence, la quantité totale d'eau sur la planète est constante depuis 4,4 milliard d'années. (Khlil, 2012)

I.1.2. Origine des eaux douces

Après l'apparition de la vie, le cycle de l'eau a été modifié par son utilisation par les plantes et les animaux. Sur les milieux émergés, l'eau douce est vitale pour la plupart des espèces. Elle provient de la précipitation de vapeur d'eau atmosphérique, elle-même est issue de l'évaporation des eaux marines et terrestres. Mais aussi de la recondensation cyclique de l'évapotranspiration et de la respiration / transpiration des plantes et animaux. Elle provient également des cycles de reévaporation de la rosée et des eaux météoriques qui se sont évaporées avant de rejoindre les nappes ou les cours d'eau qui alimentent les lacs intérieurs, les rivières et fleuves, ainsi que des nappes souterraines profondes, soit directement, soit suite à la fonte de neiges ou de glaces (voir cycle de l'eau) qui n'est pas totalement accessible à l'homme, si l'on retranche l'eau qui s'infiltre profondément dans les terres, celle qui est mobilisée dans les glaces ou qui se perd dans les régions inhabitées, il nous reste 9000 km^3 d'eau par an. Sachant que 400 m^3 sont nécessaires aux besoins vitaux annuels d'une personne, les réserves d'eau douces de la planète peuvent satisfaire les besoins minimums de 20 à 25 milliards de Terriens. (Gleik Peter, 2001)

I.1.3. Qualité des eaux douces

Les écosystèmes d'eau douce sont victimes de nombreuses sources de pollution, individuelles et collectives ; urbaines et industrielles (pollutions accidentelles, effluents insuffisamment épurés, lessivage par les pluies d'orages), agricoles (nitrates, phosphates, érosion source de turbidité, pesticides). Les eaux chaudes tendent à perdre leur oxygène qui le dissout naturellement mieux dans l'eau froide, le réchauffement moyen, nocturne notamment des zones chaudes et tempérées est un facteur supplémentaire de dégradation de la biodiversité.

Cela fait vingt ans que la qualité des eaux brutes se dégrade de façon inquiétante. Ces eaux qui n'ont pas encore été traitées pour être potables, subissent les méfaits d'une agriculture intensive qui, au mépris des réglementations en vigueur utilise à outrance nitrates et autres pesticides. Les causes, sont connues, parmi elles

CHEGGARI Karima Thèse de Doctorat National en Chimie de l'Eau et de l'Environnement

un laxisme flagrant à l'égard des seuils de production industrielle et une politique de l'eau encore trop floue.

Pour pouvoir être consommée sans danger, l'eau doit donc être traitée. Mais la pollution croissante des réserves d'eau rend cette opération de plus en plus délicate, obligeant ainsi les traiteurs d'eau à innover constamment. Les techniques ont d'ailleurs beaucoup évolué, faisant aujourd'hui du traitement de l'eau une industrie de pointe.

La dégradation de la qualité de l'eau et le fait d'assurer un approvisionnement adéquat d'eau douce n'est pas le seul problème auquel font face de nombreux pays par le monde, il y'a également le grand problème de la qualité de l'eau.

La qualité de l'eau est depuis longtemps un problème dans les pays en développement, où trois personnes sur cinq n'ont pas accès à des approvisionnements d'eau potable.

I.2. Ressources en eau au Maroc

Considérée, comme la première des priorités par la stratégie nationale de protection de l'environnement, les ressources en eau au Maroc sont confrontées à des problèmes de quantité et de qualité. Le Maroc, comme d'autres pays dans le monde, est caractérisé par une grande disparité géographique des ressources et une forte sensibilité aux aléas climatiques. Bien qu'il soit situé au Nord Ouest de l'Afrique, il reste dans la majeure partie de son territoire, un pays à climat essentiellement semi-aride dans la majeure partie du territoire. Le Maroc a connu plusieurs cycles de sécheresses aigues qui ont des conséquences sur la qualité des eaux de surface. L'épisode 1998-2002 a été remarquable et a intéressé la majeure partie du territoire national pendant une durée de cinq années successives. La saison sèche quant à elle s'étend du mois de Mai à Septembre et se distingue par la rareté des pluies qui ne dépassent guère 10% de la pluie annuelle. Les températures moyennes annuelles oscillent au niveau du bassin entre 15° et 18° C sur la côte. Des maxima supérieurs à 45°C par vent de Chergui sont parfois observés.

Les ressources hydriques dont dispose le Maroc sont limitées. Les ressources en eau renouvelables sont évaluées à 29 milliard de m^3/an, soit un peu plus de 1000 m^3/hab/an. Les ressources qui peuvent être techniquement et économiquement mobilisables ne dépassent pas 21 milliards de m^3/an, soit en 1996, 830 m^3/hab/an et 411 m^3/hab/an en 2020 selon les projections de la Direction Générale de l'Hydraulique (DGH). L'eau déjà rare, est aussi soumise à l'augmentation continue des besoins, due à l'évolution rapide de la population, à l'amélioration du niveau de vie, au développement industriel et à l'extension de l'agriculture irriguée. Ces pressions sur les ressources en eau s'accompagnent d'une dégradation croissante et de plus en plus grave de leur qualité. Sur les 13,450 milliards de m^3 mobilisés en 1999-2000, 80% ont été utilisés en irrigation et les 20% restant sont répartis entre le secteur industriel et l'alimentation en eau potable. La confrontation des ressources en eau mobilisables et des besoins de l'agriculture, de l'industrie et de la population annonce un déficit général en 2020 ; dans certaines régions, cette comparaison annonce à court terme, un stress hydrique prononcé, dû à l'inégale répartition des ressources.

Au Maroc, pays à climat semi-aride à aride, le recours aux eaux superficielles devient une nécessité compte tenu de la limitation des eaux souterraines et du développement des agglomérations urbaines. Ce recours est favorisé par l'accroissement démographique et l'exode rural, qui ont créé une demande en eau localisée d'autant plus forte que la consommation individuelle en eau potable n'a cessé de croître du fait du progrès socioéconomique.

La mobilisation de ces eaux superficielles est généralement assurée par la mise en œuvre des retenues de barrages. (Foutlane et al, ONEP, 1997)

I.2.1. Eaux de surface

Les eaux de surfaces englobent toutes les eaux circulantes ou stockées à la surface du globe terrestre. Elles sont généralement des eaux de fleuves mélangées avec des eaux de pluies ou des eaux de ruissellement. Elles sont caractérisées par une surface d'échange eau-atmosphère.

1.2.2. Bassins hydrauliques

Un bassin est un ensemble de terres irriguées par un même réseau hydrographique : un fleuve, avec tous ses affluents et tous les cours d'eau qui les alimentent. Ces terres collectent les précipitations et contribuent au débit du fleuve; l'eau y acquiert sa composition chimique et reflète les processus naturels et les activités humaines qui s'y produisent. À l'intérieur d'un même bassin, toutes les eaux reçues suivent, du fait du relief, une pente naturelle commune vers la même mer. Un bassin hydrographique constitue un système écologique cohérent formé de différents éléments : l'eau, la terre et les ressources minérales, végétales et animales. http://www.cnrs.fr/cw/dossiers/doseau/decouv/france/01_politique.htm

Ces bassins hydrauliques connaissent toujours plusieurs types de pollutions naturelles et industrielles.

1.2 .3. Pollution des eaux

Elle se manifeste principalement, dans les eaux de surface par :

✓ Une diminution de la teneur en oxygène dissous : les matières organiques, essentielles à la vie aquatique en tant que nourriture, peuvent devenir un élément perturbateur quand leur quantité est trop importante. Parmi les substances qui entraînent une importante consommation d'oxygène, notons en particulier les sous-produits rejetés par l'industrie laitière, le sang rejeté par l'industrie de la viande, les déchets contenus dans les eaux usées domestiques, etc. Cette diminution de l'oxygène dissous peut provoquer dans certains cas des mortalités importantes de poissons.

✓ La présence des produits toxiques : rejetés sous différentes formes, ces substances provoquent des effets qui peuvent être de deux formes : effet immédiat ou à court terme conduisant à un effet toxique brutal et donc à la mort rapide de différents organismes et effet différé ou à long terme, par accumulation au cours du temps, des substances chez certains organismes. La plupart des produits toxiques

26

proviennent de l'industrie chimique, de l'industrie des métaux, de l'activité agricole et des décharges de déchets domestiques ou industriels (Thomazea, 1981).

✓ Une prolifération d'algues : bien que la présence d'algues dans les milieux aquatiques soit bénéfique pour la production d'oxygène dissous, celles-ci peuvent proliférer de manière importante et devenir extrêmement gênantes en démarrant le processus d'eutrophisation (Dégréement/Mémento, 1978). Les algues se nourrissent de matières minérales c'est-à-dire du phosphore sous forme de phosphate, ainsi que d'azote (ammonium, nitrates et azote gazeux), du carbone (gaz carbonique) et d'autres éléments minéraux. La présence excessive de ces éléments est essentiellement liée aux activités humaines, à l'agriculture et à l'industrie (Berne et Cordonnier, 1995).

✓ Une modification physique du milieu récepteur : le milieu peut être perturbé par des apports aux effets divers : augmentation de la turbidité de l'eau (ex. lavage de matériaux de sablière ou de carrière), modification de la salinité (ex. eaux d'exhaure des mines de sel), augmentation de la température (ex. eaux de refroidissement des centrales nucléaires).

✓ La présence de bactéries ou virus dangereux : les foyers domestiques, les hôpitaux, les élevages et certaines industries agro-alimentaires rejettent des germes susceptibles de présenter un danger pour la santé.

L'ensemble des éléments perturbateurs décrits ci-dessus parviennent au milieu naturel de deux façons différentes : par rejets bien localisés (villes et industries) à l'extrémité d'un réseau d'égout ou par des rejets diffus (lessivage des sols agricoles, des aires d'infiltration dans les élevages, décharges, ...).

L'introduction dans le sous-sol provoque une pollution des eaux souterraines qui est caractérisée par une propagation lente et durable (une nappe est contaminée pour plusieurs dizaines d'années) et une grande difficulté de résorption ou de traitement (Springer, 1990).

a- Pollution naturelle

La teneur de l'eau en substances indésirables n'est pas toujours le fait de l'activité humaine. Certains phénomènes naturels peuvent également y contribuer. Par exemple, le contact de l'eau avec les gisements minéraux peut, par érosion ou dissolution, engendrer des concentrations inhabituelles en métaux lourds, en arsenic, etc. Des irruptions volcaniques, des épanchements sous-marins d'hydrocarbures... peuvent aussi être à l'origine de pollutions (Miquel, 2001).

b- Pollution anthropique

Si la pollution domestique des ressources est relativement constante, les rejets industriels sont, au contraire, caractérisés par leur très grande diversité, suivant l'utilisation qui est faite de l'eau au cours du processus industriel (Claude, 1999).

Selon l'activité industrielle, on retrouve des pollutions aussi diverses :

- ✓ Des matières organiques et des graisses (abattoirs, industries agro-alimentaires...),
- ✓ Des hydrocarbures (industries pétrolières, transports),
- ✓ Des métaux (traitements de surface, métallurgie),
- ✓ Des acides, bases, produits chimiques divers (industries chimiques, tanneries...),
- ✓ Des eaux chaudes (circuits de refroidissement des centrales thermiques),
- ✓ Des matières radioactives (centrales nucléaires, traitement des déchets radioactifs).

Parmi les industries considérées traditionnellement comme rejetant des matières particulièrement polluantes pour l'eau, on citera, notamment, les industries agro-alimentaires, papetière, la chimie, les traitements de surface, et l'industrie du cuir, etc. (Arris, 2008).

c- Principaux types de polluants

Les matières organiques fermentescibles (MOF) constituent, de loin, la première cause de pollution des ressources en eaux. Ces matières organiques (déjections animales et humaines, graisses, etc.) sont notamment issues des effluents domestiques, mais également des rejets industriels (industries agro-alimentaires, en particulier). La première conséquence de cette pollution réside dans l'appauvrissement en oxygène des milieux aquatiques, avec des effets bien compréhensibles sur la survie de la faune.

Les éléments minéraux nutritifs (nitrates et phosphates), provenant pour l'essentiel de l'agriculture et des effluents domestiques mobilisent également l'attention des acteurs impliqués dans la gestion de l'eau. Ils posent en effet des problèmes, tant au niveau de la dégradation de l'environnement résultant d'un envahissement par les végétaux (eutrophisation...), que des complications qu'ils engendrent lors de la production de l'eau potable (Mayet, 1994).

Les métaux lourds (mercure, cuivre, cadmium, etc.) constituent un problème préoccupant lorsqu'ils sont impliqués dans la pollution des ressources en eau. Non seulement leur toxicité peut être fort dommageable pour le milieu aquatique, mais leur accumulation au fil de la chaîne alimentaire pourrait avoir des effets plus ou moins graves sur la santé humaine http://www.water.gov.ma/index.cfm?gen=true&ID=80&ID_PAGE=188

La pollution des eaux par les composés organiques de synthèse (produits phytosanitaires) s'est accrue au cours des dernières décennies, notamment sous l'effet du développement de l'activité agricole. La présence de concentrations trop élevées de pesticides dans certaines ressources complique, comme dans le cas des nitrates, les processus de production de l'eau potable. Par ailleurs, ces substances peuvent s'accumuler au fil de la chaîne alimentaire (Zidane et al., 2012).

Les hydrocarbures peuvent contaminer les ressources en eau selon différentes modalités : rejets industriels, rejets des garages et stations-service, ruissellement des chaussées, effluents domestiques. En outre, la présence d'élevage important en milieu agricole favorise également la contamination des eaux de surface par des polluants organiques. Ce qui rend les eaux de surface plus riche en matières organiques (MO) par rapport aux eaux souterraines.

Ces pollutions ont différentes sources soit diffuses ou ponctuelles et sont schématisées ci-dessous :

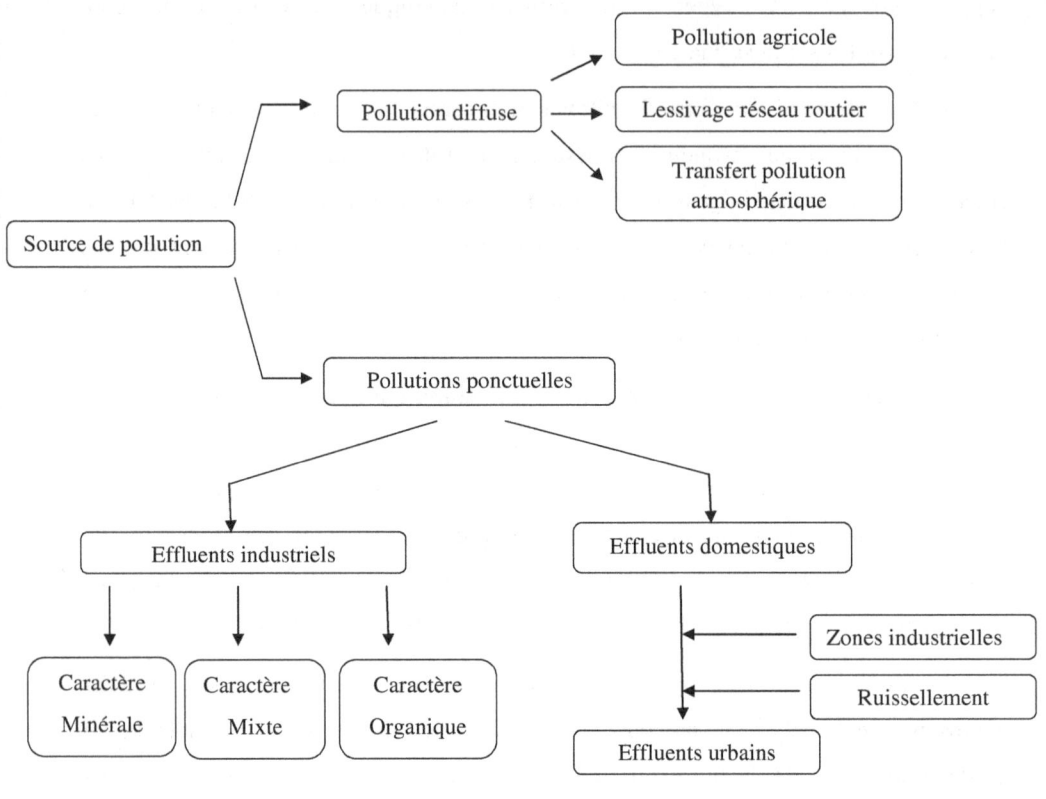

Figure 2 : Les différents types de pollution des eaux de surface (Doré, 1989)

Tous ces états de pollution rendent la potabilisation des eaux de surface de plus en plus difficile et delicate.

I.3. Procédés de potabilisation des eaux de surface

Étant de plus en plus polluées, la potabilisation des eaux de surface nécessite plusieurs étapes de traitement afin d'atteindre une meilleure qualité d'eau potable. Ceci nécessite différents procédés de traitement.

I.3.1. Procédé de traitement de l'eau potable

L'eau naturelle n'est pas directement consommable : il convient donc de la traiter afin de la rendre potable. Avant d'arriver à nos robinets, l'eau captée dans la nature doit subir une série d'opérations dans une usine de traitement afin de répondre à toutes les exigences de qualité, des traitements adaptés, souvent sophistiqués, sont nécessaires. En fonction de la qualité de l'eau brute, les procédés de base et les traitements sont multiples

L'organisation des techniques mises en œuvre au sein d'une usine de production d'eau potable varie fortement suivant la qualité de l'eau brute mais également suivant les pays. Néanmoins, une filière de traitement classique d'eau de surface est constituée d'une succession de procédés unitaires répartis en deux catégories :

➢ Les procédés basés sur la rétention de la matière et des micropolluants
  ✓ La clarification
  ✓ L'adsorption sur charbon actif
  ✓ La filtration membranaire
➢ Les procédés aboutissant à la transformation (désiré ou non) des micropolluants
  ✓ La biodégradation
  ✓ L'irradiation UV
  ✓ L'ozonation
  ✓ La chloration

Le recours à l'ensemble de ces procédés unitaires n'est pas systématique. Par exemple, une installation destinée à traiter une eau brute de bonne qualité se limitera généralement à la clarification suivie d'une étape de désinfection par le chlore, cette dernière est obligatoire pour assurer un pouvoir désinfectant rémanent. En fonction de la charge organique en micropolluants de la ressource, ce traitement de base peut être complété par la mise en œuvre d'autres techniques selon une architecture variable.

I.3.2. Procédé de traitement de l'eau à l'échelle internationale

À l'échelle internationale, les techniques de traitement des eaux ont considérablement évolué au cours des vingt dernières années, à l'initiative des sociétés de traitement et de distribution des eaux, de façon à offrir aux consommateurs une eau toujours saine mais aussi agréable à boire. Actuellement la potabilisation de l'eau avant son introduction dans le réseau fait appel à de nouvelles techniques plus sophistiquées, notamment d'ultrafiltration, d'ozonation, ou d'adsorption sur charbon activé qui permet de recourir de façon moindre aux produits chlorés

Comme exemple de production de l'eau à l'échelle internationale, on peut citer l'usine Vigneux-sur-Seine qui traite l'eau de surface du fleuve de la Seine en France. Dont nous remercions pour leur aide dans le cadre de ce travail.

Cette stations'est rapidement développée par rapport à la qualité de l'eau reçu à l'entrée c'est-à-dire l'évolution de la pollution de cette dernière ainsi que le développement industriel, ont imposé le développement de cette station. Les procédés de traitement de l'eau potable ont été développés selon les dates suivantes :

✓ **En 1890** : mise en service de forages dans la nappe alluviale de la Seine

✓ **En 1931** : traitement d'eau de Seine par filtration sur sable

✓ **En 1958** : modernisation avec des décanteurs «Pulsators»

✓ **En 1974** : doublement de la capacité de traitement et ajout d'un «Super Pulsator»

✓ **En 1976** : passage d'une filtration sur sable à une filtration sur charbon actif en grains

✓ **En 1994** : ozonation avec des réacteurs type «Tube en U»

✓ **En 1997** : procédé CRISTAL Affinage de l'eau par ultrafiltration membranaires

Cette station pompe l'eau de la Seine et la traite suivant les étapes représentées par les figures suivantes

32

La **Figure 3** représente la photo de l'usine Vigneux sur seine et la **Figure 4** schématise les principales étapes successives de traitement d'eau potable effectuées au sein de la station :

Figure 3 : Photo d'usine de traitement d'eau potable de Vigneux-sur-Seine en France.
(Station Vigneux, 2005).

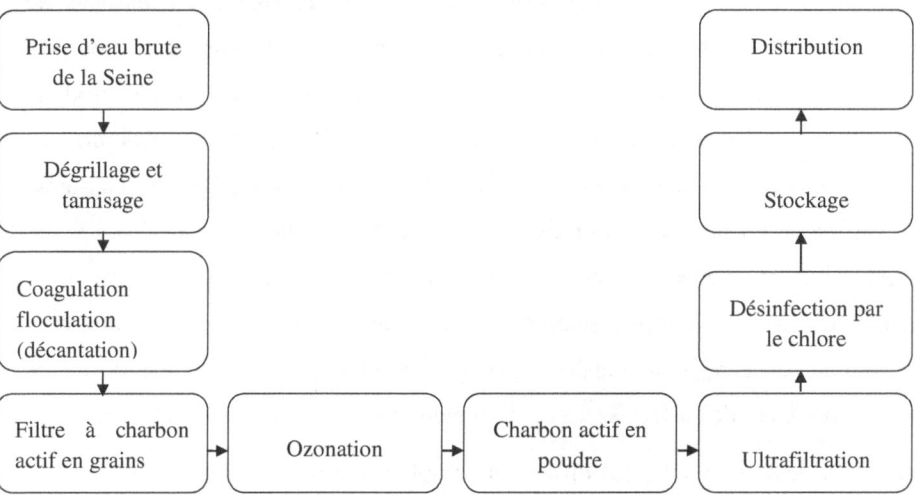

Figure 4 : shéma des principales étapes de traitement de l'eau brute de la Seine en France.

33

Cette eau prise de la Seine est dégrillée et tamisée afin d'assurer une première filtration supprimant toutes les particules dont la taille dépasse 1mm.

Lors de la décantation, les impuretés sont éliminées à l'aide de la coagulation. La filtration sur charbon actif permet ensuite l'adsorption des matières dissoutes, alors que l'oxydation par ozonation désinfecte l'eau.

Combinant la capacité d'adsorption du charbon actif en poudre à une séparation par membranes d'ultrafiltration, le procédé retient toutes les particules de taille supérieure à 0,01 μm, ainsi que les polluants piégés sur le charbon actif en poudre. Une légère chloration prépare l'eau, pour son refoulement vers le réseau, afin qu'elle reste stable jusqu'au robinet du consommateur.

I.3.3. Procédé de traitement de l'eau à l'échelle nationale

À l'échelle Nationale les facteurs influençant la qualité d'une eau à potabiliser sont la turbidité (teneur en matière en suspension), la teneur en matières organiques et bactériologiques et la présence de polluants et de micropolluants minéraux (métaux lourds, fluor, arsenic, fer, manganèse, zinc, cuivre, phosphate responsable de l'eutrophisation), parmi les polluants, on peut citer les phénols et ses dérivés (résorcinol,...), les hydrocarbures, les détergents, les pesticides et les produits phytosanitaires, une fois traitée, une eau potable doit satisfaire à des critères concernant son pH, les sels minéraux qu'elle contient (Cl^-, SO_4^{2-}, Ca^{2+},...) sa dureté totale, sa teneur en nitrates et nitrites (voir norme Marocaine « NM 03.7.001 » en annexe). Tous ces facteurs et ces exigences impliquent donc que les stations de traitement d'eau soient conçues selon deux étapes de traitement, la désinfection et la clarification. A l'échelle nationale, on peut citer comme exemple le procédé de traitement des eaux de surface servant à l'alimentation de la ville de Casablanca.

La figure ci-dessous montre les différents complexes alimentant Casablanca en eau potable :

CHEGGARI Karima Thèse de Doctorat National en Chimie de l'Eau et de l'Environnement

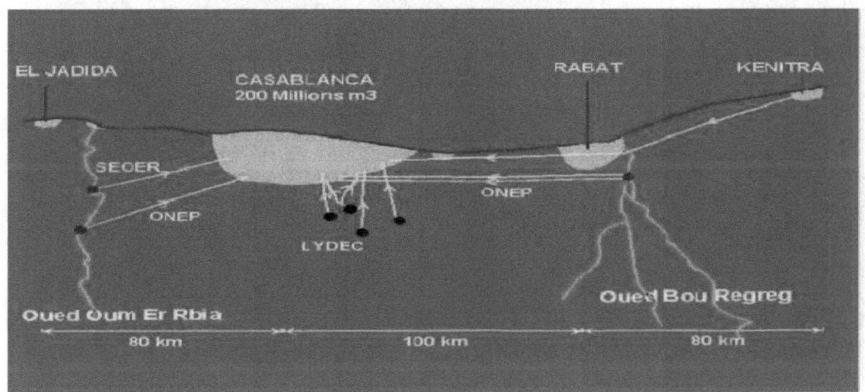

Figure 5 : Alimentation en eau de la ville Casablanca (Zidane et *al,* 2004).

Cette dernière est alimentée en eau potable par les eaux naturelles des deux barrages, barrage Sidi Mohamed Ben Abdellah et Barrage de Sidi Said Mâachou, gérés par les deux usines de traitement, l'Office Nationale de Eau Potable (ONEP) et La société des eaux d'Oued Oum Erbia (SEOER). Le complexe de production d'eau potable Bouregreg géré par l'ONEP traite les eaux mobilisées par la retenue du barrage Sidi Mohammed Ben Abdellah.

a- *Barrage Sidi Mohamed Ben Abdellah (complexe Bouregreg ONEP)*

Édifié en 1974 pour mobiliser les eaux des bassins versants des Oueds Bouregreg, Grou et Korifla, le Barrage Sidi Mohamed Ben Abella est exclusivement réservé à la production d'eau potable et industrielle. Sa capacité actuelle est de $446 \, Mm^3$ et passera à prés d'un milliard de m^3 après surélévation dont les travaux sont en cours. Les figures ci-dessous représentent le barrage de Sidi Mohamed Ben Abella et la prise d'eau de la station de trainement du complexe Bouregreg

Figure 6 : Barrage Sidi Mohamed Ben Abdellah

Figure 7 : La prise d'eau de la station de traitement du barrage Sidi Mohamed Ben Abdellah

L'eau du barrage est prélevée grâce à une tour de prise, immergée dans la retenue au voisinage de la confluence des Oueds Grou et Bouregreg. Cette tour comporte sept pertuis de prise dont quatre sont équipés et les trois autres sont en cours d'équipement en pair avec la surélévation du barrage. Cette tour est connectée à une galerie d'adduction forée en massif de diamètre 2,6 m, située en rive gauche de la retenue qui amène l'eau jusqu'à la station de pompage à 3 km environ en aval ayant un diamètre de 2,6 m. Elle est protégée par une vanne de garde 1,60 x 2,70 m à son extrémité amont et une cheminée d'équilibre implantée à son extrémité avale.

La station de traitement du Bouregreg de capacité nominale de 9 m^3/s, est composée de trois unités de production d'eau potable : S1 (1 m^3/s réalise en 1969), S2 (3 m^3/s réalisée en 1976 et S3 (5 m^3/s réalisée en 1983).

La figure ci-dessous montre l'image de la station de traitement de complexe Bouregreg

Figure 8 : Station de traitement du complexe Bouregreg

L'eau brute du barrage Sidi Mohamed Ben Abdellah préchlorée arrive dans un ouvrage d'arrivée commun aux trois unités de traitement S1 S2 et S3 de la station de traitement Bouregreg. Le procédé de traitement mis en œuvre au niveau du complexe Bouregreg consiste en :

✓ Préchloration effectuée au niveau de la tour de prise moyennant l'utilisation du chlore gazeux.

✓ Coagulation-floculation réalisée au niveau de l'ouvrage d'arrivée par injection du sulfate d'aluminium et d'un polymère.

✓ Décantation des matières en suspension dans les décanteurs.

✓ Filtration sur sable.

✓ Désinfection de l'eau par le chlore au niveau des citernes.

L'eau traitée transite par un réservoir de 50.000 m^3 puis vers l'ouvrage de départ à partir duquel l'eau est acheminée par des canalisations de transport vers les villes de la zone desservie. L'eau traitée est acheminée vers les centres et villes de consommation par un réseau de conduites diamètres variant de 900 à 1600 mm totalisant un linéaire de plus de 350 km. Les conduites allant vers Casablanca, dites BR1 et BR2, sont équipées de suppresseurs pouvant augmenter leurs débits en cas de besoin.　(http://www.onep.ma/directions/drc/vue_drc.htm)

b- Barrage Sidi Said Mâachou (Bassin Oum Erbia station SEOER)

Le bassin d'Oum Erbia est la clé de voûte du réseau hydroélectrique et d'irrigation du Maroc, qui s'étend sur une superficie de 35 000 km^2. L'Oued Oum Erbia, d'une longueur de 600 km, prend son origine au Moyen Atlas à 1 240 m d'altitude et à 40 km de Khénifra, puis traverse la chaîne du Moyen Atlas, la plaine du Tadla et de Abda-Doukala, et se jette dans l'Océan Atlantique à environ 16 km de la ville d'El Jadida (Azemmour).

La figure ci-dessous représente une image du bassin d'Oum Erbia

Figure 9 : Bassin de l'Oued Oum Erbia

Le bassin d'Oum Erbia constitue un ensemble de cours d'eau complexe, se concentrant dans la partie du Moyen, il s'agit du réseau fluvial comprenant l'Oum Erbia, oued Srou, oued Chbouka. La pièce maîtresse du bassin se trouve sur l'axe principal de l'Oum Erbia (Oued El Abid). Ce bassin étant considéré come un réservoir hydraulique pour une partie du pays, un ensemble de barrages y a été édifié (huit). Pour pouvoir bénéficier de tout le potentiel énergétique de l'oued Oum Erbia en attendant que les ouvrages amont soient réalisés.il était judicieux d'exploiter la chute située le plus à l'aval possible du cours d'eau. Ainsi, une série d'ouvrages ont été réalisés de l'amont vers l'aval : Imfout, Daourat, Sidi Saïd Maâchou.

La figure ci-dessous représente la station de traitement de barrage Sidi Said Maâchou

Figure 10 : Station de barrage Sidi Said Maâchou (Benezha, 2007)

Le barrage Sidi Said Maâchou traité par la Société des Eaux de l'Oum Er Rbia (SEOER) située à Sidi Maâchou, assure annuellement la production d'environ 54 millions de m^3 d'eau potable. Le barrage est situé à l'aval des aménagements équipant le bassin versant de l'Oum Erbia et à 46 km à l'aval du barrage Daourat. Ce barrage qui fut le premier à être réalisé sur le territoire Marocain est entré en service en 1929. Conçu dans un but exclusivement hydro-électrique, il a servi aussi depuis 1952 de réservoir d'eau brute pour les stations de pompage et de traitement qui alimentent la ville de Casablanca.

A Sidi Said Maâchou, l'oued Oum Erbia décrit une triple boucle dont les deux branches d'extrémité présentent entre elles un dénivelé de 13 m pour une distance de 1500 m. Cette particularité a été mise à profit pour créer un aménagement dont les travaux furent exécutés de 1925 à 1929. Cet aménagement comprend:

- ✓ Le barrage de dérivation destiné à relever le plan d'eau et à créer une réserve journalière de 1 Mm^3
- ✓ une galerie de dérivation en charge de 1425 m de longueur et 6.5 m de diamètre
- ✓ une usine hydroélectrique de 4 groupes alternateurs et 2 groupes auxiliaires

39

✓ La retenue du barrage, qui correspond à 2 heures de débit maximum turbiné par l'usine, fait que celle-ci travaille pratiquement au fil de l'eau fournissant ainsi une production moyenne annuelle de 55 millions de KWh.

Le barrage de dérivation de Sidi Said Maâchou est un barrage en béton à quatre pertuis mobiles de (12,4 x 8 m) équipés de vannes munies à leur partie supérieure de volets mobiles indépendants hauts de 2,5 m. Un déversoir latéral assure l'évacuation des débits excédentaires et permet de transiter 4.500 m^3/s http://www.water.gov.ma/index.cfm?gen=true&ID=80&ID_PAGE=188

L'eau d'Oum Erbia est presque traitée de la même façon que l'eau de Bouregreg, sauf une pré-coagulation par le chlore ferrique qui se fait directement par SEOER après le prélèvement de l'eau en cas de forte crue ou de matière en suspension élevée.

Le schéma ci-dessous représente les principales étapes du traitement de ces eaux de surface des deux bassins Bouregreg et Oum Erbia :

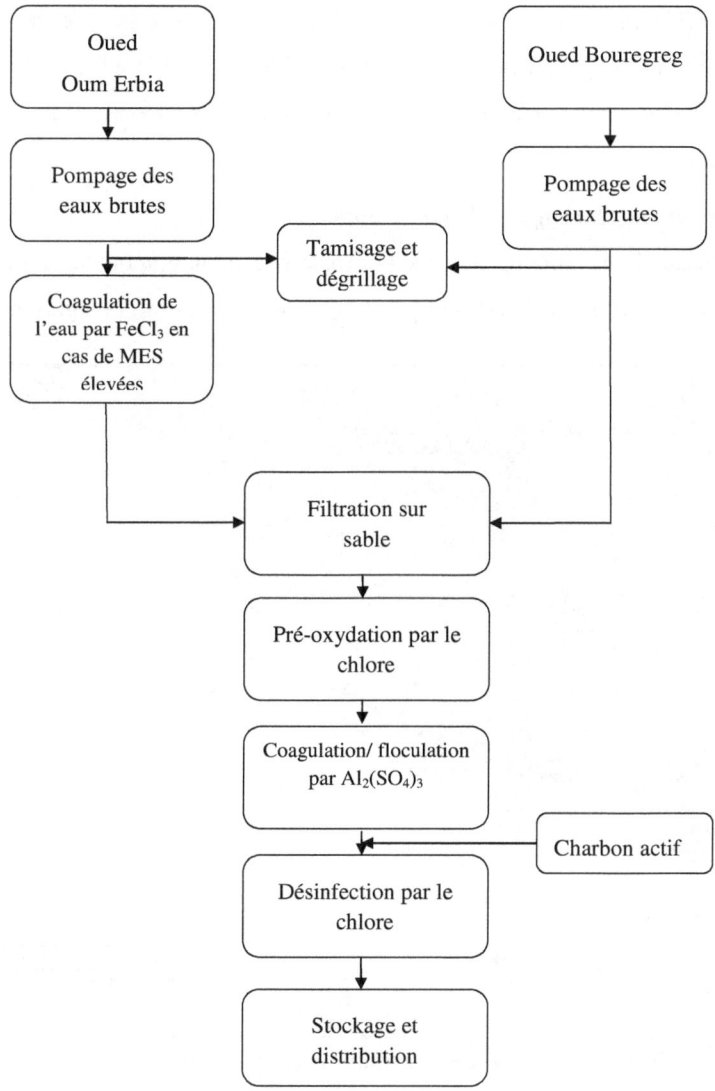

Figure 11 : Schéma des principales étapes de traitement des eaux naturelles
de Bouregreg et d'Oum Erbia. (Zidane et *al.*, 2010)

Les eaux pompées de Bouregreg et d'Oum Erbia sont préoxydées à l'état brut
par le chlore. Dans le cas ou les matières en suspensions sont élevées au niveau de

l'eau d'Oum Erbia une pré-coagulation est effectuée. Les eaux sont décantées par le sulfate d'aluminium, puis filtrées à l'aide des filtres à sable afin d'éliminer les impuretés. Une deuxième désinfection par le chlore est effectuée avant le stockage et la distribution de l'eau.

c- *Réservoirs de stockage de l'eau potable*

Le réseau d'eau potable a suivi la croissance démographique et l'extension spatiale de la ville d'où la répartition par étages de distribution, la figure ci-dessous

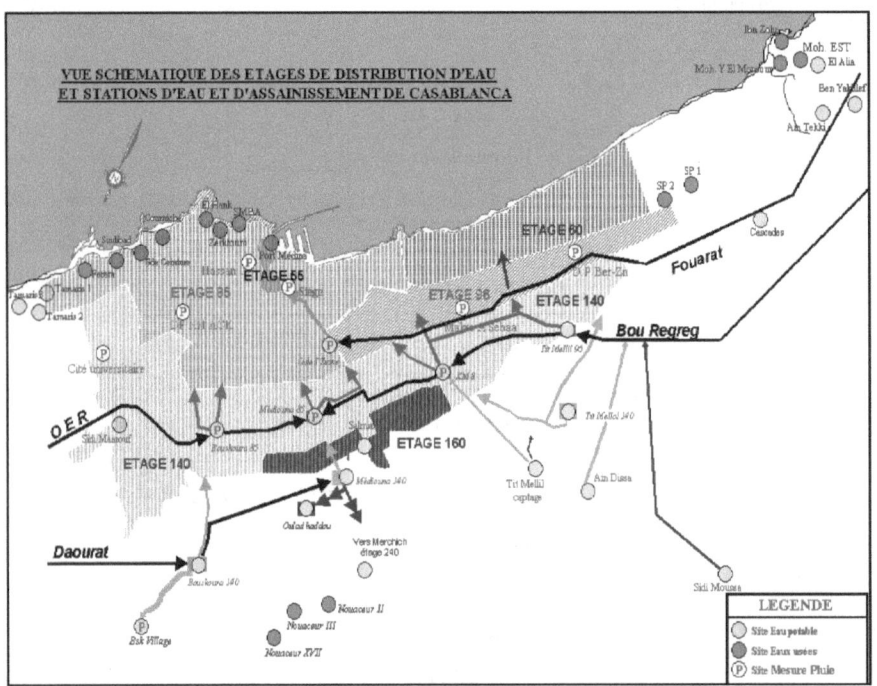

représente les différents étages de distribution et qui sont situés entre les cotes 5 NGM et 180.

Figure 12 : Étages de distribution de l'eau potable de la ville de Casablanca au Maroc.
(Zidane et *al.,* 2012).

Lorsque l'eau potable arrive à Casablanca et à Mohammedia, elle est stockée dans 36 réservoirs, qui assurent une réserve de sécurité de 24 h. Cette eau est à nouveau désinfectée par le chlore. Chaque étage représenté dans la figure précédente est

CHEGGARI Karima Thèse de Doctorat National en Chimie de l'Eau et de l'Environnement

alimenté par un ou plusieurs réservoirs. Le tableau ci-dessous représente l'état des réservoirs alimentant les étages de distribution.

Tableau 1 : État des réservoirs alimentant les étages de distribution en eau potable.

Désignation	Capacité (en m^3)	Côte desservie	Linéaire (ml) du réseau primaire
Réservoir Ouled-Ziane	24 000	55	5 200
Réservoir Ain-Tekki (Mohammedia)	35 000	58	11 850
Réservoir Mediouna 85	170 000	85	50 604
Réservoir Bouskoura 85	80 000		
Réservoir Mediouna 140	80 000	140	56 790
Réservoir Bouskoura 140	60 000		
Réservoir Tit Mellil 140	25 000		
Réservoir Tit Mellil 96	35 000	96	23 924
Réservoir Km 8	52 000		
Réservoir Ouled-Haddou	40 000	160	11 160
Réservoir Merchich	16 000	242	29 950
Réservoir Benyakhlef (Mohammedia)	2 000	92	2 970

Le réservoir de Tit Mellil est alimenté par une eau produite à partir de l'eau brute du barrage de Bou Regreg, cette dernière subi une chaine de traitement qui commence par une préchloration, suivi d'une coagulation et filtration sur sable, En terminant par une post-chloration c'est-à-dire une dernière désinfection par le chlore) (Zidane *et al.,* 2010).

Le maintien de la qualité des eaux potables à la sortie de la station de traitement des eaux, et au cours du stockage dans les réservoirs jusqu'au robinet du consommateur, est une préoccupation majeure des responsables de la distribution des eaux de consommation à la ville de Casablanca. Du point de vue biologique, ce maintien est garanti par la présence d'un taux de chlore suffisant pour inhiber la croissance bactérienne dans l'eau potable au cours de son séjour dans le réseau. Ce taux de chloration est fixé par la norme Marocaine (NM 03.7.001). Et qui constitue à assurer une teneur en chlore résiduel de 1mg/l à la production et de 0,5 mg/l à la distribution. Les conditions qui prévalent dans les réservoirs de stockage et les réseaux de distribution d'eau potable peuvent altérer la qualité de l'eau chèrement acquise à l'usine de traitement. Ainsi, plusieurs auteurs ont montré que la reviviscence, souvent appelée recroissance de micro-organismes, dans le réseau de distribution représente un sérieux problème pour les traiteurs d'eau. (Hanson *et al.*, 1987) ont montré que cette recroissance des micro-organismes représente un risque sanitaire pour les consommateurs. De nombreux incidents de recroissance microbienne dans les réseaux de distribution ont été rapportés par plusieurs auteurs (Adam et Kott, 1990; Lechevallier, 1990), Dans la plupart des cas, les raisons de la contamination ne sont pas connues et le choix des mesures correctives relève de l'arbitraire ou de l'expérience de l'exploitant. De nombreux projets de recherche ont été réalisés afin de montrer les effets du réseau de distribution sur la qualité de l'eau distribuée (Block *et al.*, 1993, Desjardins *et al.*, 1997).

Pour éviter tout type d'accident (recroissance microbienne, corrosion, etc.) dans les bassins de stockage et dans le réseau de distribution, il est indispensable de maintenir une concentration de chlore résiduel dans l'eau potable. D'après la recommandation de la Norme Marocaine (NM 03.7.001) le système de distribution de l'eau potable doit contenir en tout temps une concentration de chlore résiduel entre 0.1 et 0.5 m/l.

I.3.4. Comparaison entre les deux procédés de traitement de l'eau à l'échelle nationale et à l'échelle internationale

En comparant les deux procédés de traitement cité ci-dessus (**Figure 4 et Figure 11**), nous constatons l'absence de l'ultrafiltration à l'échelle nationale, remplacée par la filtration sur sable. Sachant que la chloration des eaux brutes peut générer des sous-produits indésirables, de même, nous constatons qu'à l'échelle nationale, on n'a pas l'étape de désinfection par l'ozone, par contre, on a deux étapes de chloration : Une préchloration juste après pompage de l'eau et une post-chloration comme dernière étape avant stockage et distribution d'eau.

La chloration des eaux est la technique de désinfection la plus employée au monde afin de lutter contre les maladies d'origine hydrique causées par des micro-organismes pathogènes. Cependant, les réactions entre le chlore et les matières organiques naturelles (MON) présentes dans les eaux conduisent à la formation de nombreux sous-produits de désinfection (SPD). Vu que la désinfection par le chlore est la principale étape de traitement pour la production des eaux potables pour la ville de Casablanca au Maroc c'est-à-dire à l'échelle nationale, il s'est avéré nécessaire de présenter les avantages et les inconvénients de la chloration.

I.4. Désinfection par le chlore

Le chlore peut être toxique pour les micro-organismes et les humains. Pour l'humain, le chlore est un irritant pour les yeux et le système respiratoire. Le chlore gazeux doit être manipulé minutieusement car il peut provoquer des problèmes graves. Cependant, le chlore gazeux est la forme de traitement la moins dispendieuse, c'est donc un choix attrayant malgré les dangers qu'il représente. Dans l'eau potable, la concentration en chlore est habituellement très basse et n'est pas un souci pour la santé. Le risque est à long terme, comme le cancer dû à l'exposition prolongée à de l'eau traitée par le chlore. C'est principalement dû aux trihalométhanes et à d'autres sous-produits de désinfection.

I.4.1. Généralités sur le chlore

Le chlore est présent dans l'air sous forme gazeuse et moléculaire Cl_2. Au contact de l'eau à pH entre 5 et 7, il réagit selon l'équation chimique suivante :

$$Cl_2 + H_2O \longrightarrow H^+ + Cl^- + HOCl$$

Les autres formes de chlore qui existant sont :

✓ *Chlore gazeux (Cl$_2$)*

Ce type de chlore demande des installations plus complexes et des coûts de fonctionnement plus élevé que l'eau de Javel, mais il est très stable chimiquement.

✓ **Chlore en pastille (dichloroisocyanure de sodium dihydraté)**

Ce type de chlore est beaucoup plus stable chimiquement et comporte beaucoup moins de risque de phytotoxicité. Malheureusement, l'utilisation de ce type de chlore est peu documentée.

✓ *Dioxyde de chlore (ClO$_2$)*

Le dioxyde de chlore a l'avantage d'agir très rapidement et d'être moins affecté par le pH. Malheureusement, c'est un gaz instable et doit être fabriqué en entreprise.

L'introduction du chlore dans l'eau conduit à sa dismutation et à la formation d'acide hypochloreux et de chlorure (Doré, 1989).

- **Propriété du chlore en solution aqueuse**

Lorsque le chlore gazeux (Cl$_2$) est introduit dans l'eau, il se dismute pour donner de l'acide hypochloreux (HOCl) et de l'acide chlorhydrique (Saunier et Selleck, 1979). L'acide hypochloreux ainsi obtenu est un acide faible qui se dissocie alors en hypochlorite (ClO$^-$). En fonction du pH, le chlore en solution aqueuse est donc toujours dans un équilibre entre les formes Cl$_2$, HOCl et ClO$^-$.

La figure suivante résume les équilibres fondamentaux résultant de la dissolution du chlore dans l'eau.

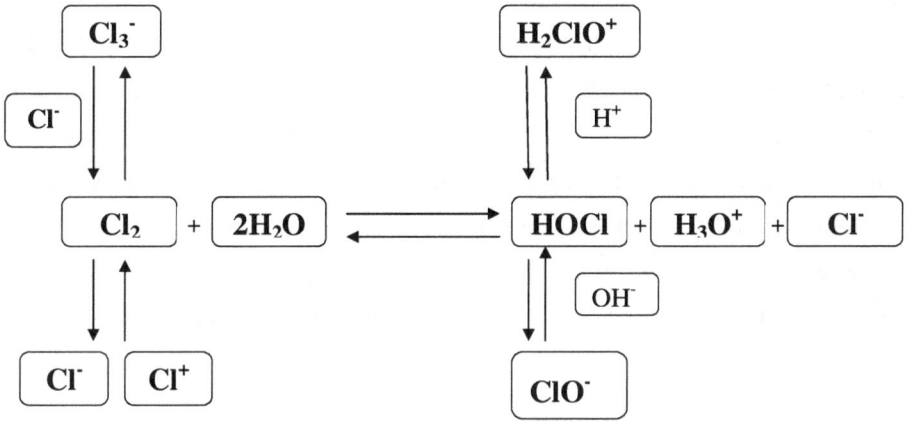

Figure 13 : L'équilibre du chlore en solution aqueuse (Doré, 1989).

Aussi la figure suivante représente la répartition des différentes formes de chlore dans l'eau en fonction du potentiel et du pH avec une concentration initiale du chlore égale à $C_0 = 1,42$ mg/l.

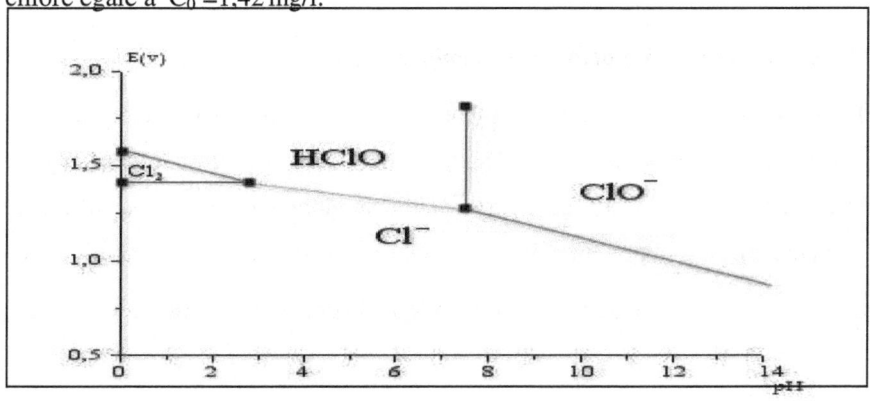

Figure 14 : Diagramme d'équilibre des différentes formes du chlore dans l'eau (E = f (pH))

D'après la courbe, dans le cas des eaux potables pour lesquelles la concentration en chlore est pratiquement toujours inférieure à 10 mg/l, et le pH est

47

entre 6,6 et 9, on se trouve essentiellement en présence des espèces Cl^-, ClO^- et HOCl, et absence de Cl_2. Généralement entre pH 5 et 7, la forme prévalent du chlore est l'acide hypochloreux (HOCl) et constitue la forme la plus puissante pour la désinfection. À un pH inférieur à 5, c'est le chlore gazeux (Cl_2) qui domine et le chlore s'évapore et présente le risque d'attaquer les joints en silicone à pH supérieur à 7, la forme hypochlorite (ClO^-) domine. Plus le pH est élevé, plus la solution concentrée sera stable. Ces trois formes constituent ce qu'on appelle le chlore libre. (Doré, 1989). L'utilisation du chlore dans le traitement de l'eau potable élimine presque les maladies d'origine hydrique, car le chlore peut détruire ou inactiver la plupart des micro-organismes couramment trouvés dans l'eau.

La majorité des usines de traitement de l'eau potable utilisent des produits chlorés pour désinfecter l'eau potable, pour traiter l'eau directement à l'entré de l'usine de traitement et pour maintenir du chlore résiduel dans le réseau de distribution afin d'empêcher une recroissance bactérienne. Afin d'assurer une meilleure désinfection, il faut bien déterminer la demande en chlore. Cette dernière est déterminée à l'aide de la courbe de point de rupture.

I.4.2. Détermination de La demande en chlore (CPR)

La détermination de la demande en chlore pour la désinfection d'une eau se fait par le traçage de la courbe de point de rupture CRP (break point), que l'ont appelle aussi la courbe de la demande en chlore. Cette dernière est l'évolution du chlore ajouté (en abcice) en fonction du chlore résiduel (en ordonné).

La figure ci-dessous représente la courbe théorique de point de rupture:

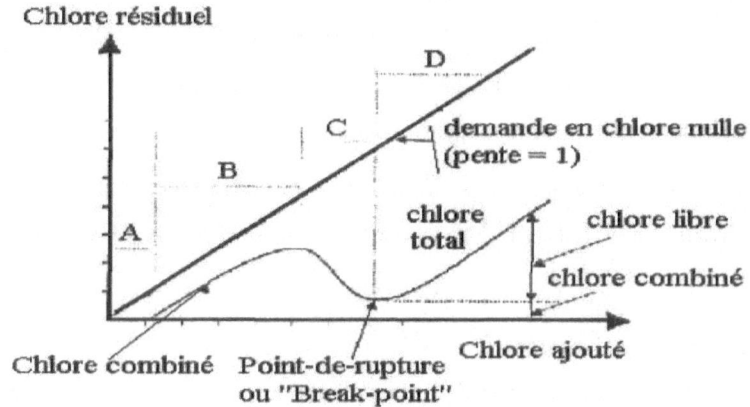

Figure 15 : Courbe théorique de point de rupture. (NRC, 1980)

L'acide hypochloreux (HOCl) a la capacité d'oxyder différents composés minéraux. Ces produits plus les micro-organismes exercent une demande en chlore immédiate ce qui explique que le taux du chlore résiduel au départ reste nul. C'est ce qui se passe dans la partie A de la courbe. Quand l'eau contient des agents réducteurs, et en particulier l'ammoniaque, il apparaît alors le phénomène de point critique (ou break point ou point de rupture).

La partie B de la courbe correspond à la formation des composés organiques chlorés et des chloramines, en commençant par la monochloramine, puis la dichloramine et la trichloroamine , jusqu'à une concentration maximale en chlore résiduel (jonction des parties B et C).

La partie C correspond à la destruction de ces chloramines par ajout du chlore supplémentaire jusqu'au point critique, à partir duquel, tout le chlore ajouté reste sous forme de chlore actif bien qu'il y ait toujours un résiduel de trichloramines (partie D).

Dans le cas d'une eau qui ne contient pas d'azote ammoniacal, les zones B et C ne figurent pas sur la courbe (Cimetière, 2006).

Finalement, le chlore en sus de la demande en chlore forme ce qu'on appelle le chlore libre actif et est composé de l'acide hypochloreux et du chlore gazeux dissous

49

sous les conditions normales de pH. C'est ce chlore libre actif qui constitue l'agent de désinfection. Également, une dose de 10 à 20 ppm de chlore augmente la conductivité électrique d'environ 0.1ms/cm et le pH d'environ 0.6 unité. De plus, une portion du fer et du manganèse est oxydée, ceci ne nécessite généralement pas de correction.

Lorsque le chlore ajouté n'est pas en quantité suffisante, des chloramines apparaissent dans l'eau et peuvent alors être cause des goûts et d'odeurs désagréables (NRC, 1980).

I.4.2.1. Formation des chloramines

Les chloramines sont des composés qui apparaissent suite à la réaction du chlore avec l'azote ammoniacal. Il existe trois espèces de chloramines en fonction du nombre d'atomes de chlore intégrées à la molécule d'ammoniac : la monochloramine (NH_2Cl), la dichloramine ($NHCl_2$) et la trichloramine (NCl_3).

En solution aqueuse, l'acide hypochloreux (HOCl) réagit avec l'ammoniac selon les réactions suivantes: (Wolfe et *al.*, 1984)

✓ **Monochloramine (NH_2Cl)**

$$HOCl + NH_3 \longleftrightarrow NH_2Cl + H_2O \qquad K_{eq} = 1,5 \times 10^{-10} \, M^{-1}$$
$$k_v = 5,8 \times 10^6 \, M^{-1} s^{-1}$$

✓ **Dichloramine ($NHCl_2$)**

$$HOCl + NH_2Cl \longleftrightarrow NHCl_2 + H_2O \qquad K_{eq} = 2,8 \times 10^{-8} \, M^{-1}$$
$$k_v = 3,31 \times 10^2 \, M^{-1} s^{-1}$$

✓ **Trichloramine (NCl_3)**

$$HOCl + NHCl_2 \longleftrightarrow NCl_3 + H_2O \qquad K_{eq} = 1,06 \times 10^{-5} \, M^{-1} \text{ à}$$
$$k_v = 1,69 \times 10^1 \, M^{-1} s^{-1}$$

Avec (K_{eq}) est la constante d'équilibre et (k_v) la constante de vitesse à (pH=7, 20°C).

Ces réactions sont gouvernées principalement par le pH, et le rapport Cl_2/N, c'est-à-dire le rapport des concentrations en chlore et en azote ammoniacal. D'une façon générale, quand le pH diminue et/ou quand le rapport Cl_2/N augmente, la molécule d'ammoniac devient de plus en plus chlorée (NRC, 1980).

I.4.2.2. Chloramines et Courbe de point de rupture

Les différentes réactions et équilibres cités dans le paragraphe ci-dessus permettent de représenter la distribution des différentes espèces du chlore total en fonction du rapport molaire N/Cl. La distribution de des différentes espèces est représentée dans la figure ci-dessous :

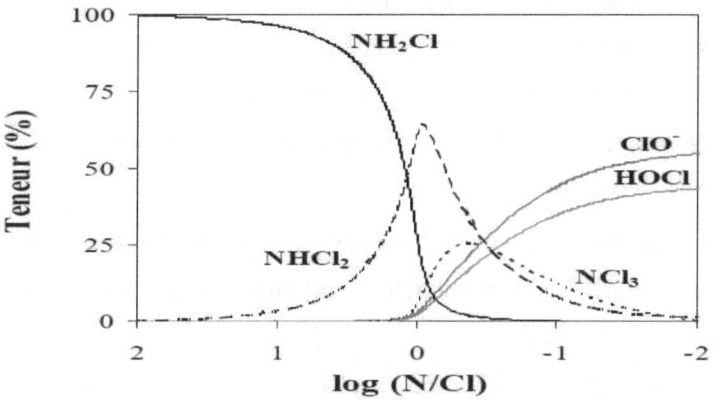

Figure 16 : Distribution des espèces du chlore total en fonction du rapport molaire N/Cl. $[Cl_2]_0 = 1.10^{-4}$ M ; $[Cl^-] = 1.10^{-3}$ M ; pH = 7,5 ; 25°C (Soulard et *al.*, 1984).

D'après la figure il apparaît nettement que, pour N/Cl > 1, la quasi totalité du chlore total est représentée par les chloramines (chlore combiné). De plus la figure ci-dessous (Figure17) illustrant la spéciation des chloramines en fonction du pH, montre que pour des pH > 7,2 la majorité des chloramines est sous la forme de monochloramine.

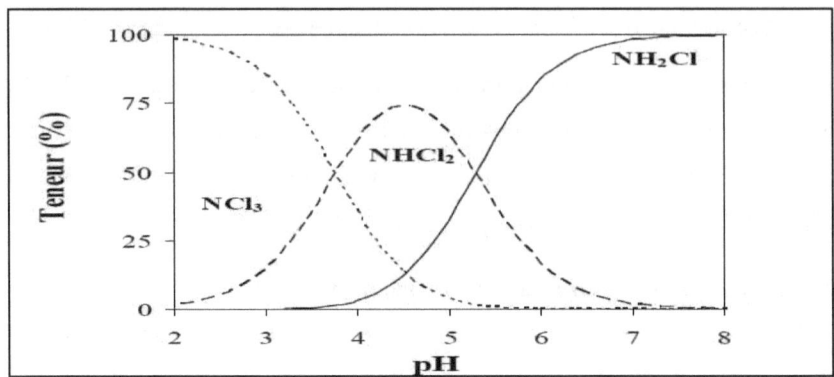

Figure 17 : Distribution des chloramines en fonction du pH. $[Cl_2]_{tot} = 1.10^{-3}$ M ; N/Cl = 1 ; 25°C (Cimetière, 2006).

Lors de la chloration d'eau contenant de l'azote ammoniacal, on assiste tout d'abord à une augmentation du chlore total, sous forme de chlore combiné uniquement. Cette étape correspond à la formation de monochloramine, pour des rapports molaires N/Cl > 1. Pour des rapports molaires compris entre 1 et 0,7 , on observe une diminution du chlore total jusqu'au breakpoint (N/Cl = 0,66) où le chlore total estnul. Pour des rapports plus élevés, on assiste à une ré-augmentation du chlore total sous forme de chlore libre.

La figure ci-dessous présente de manière schématique l'évolution du chlore total et du chlore combiné lors de la chloration à différents taux, d'une eau contenant de 1 mg/l de l'azote ammoniacal.

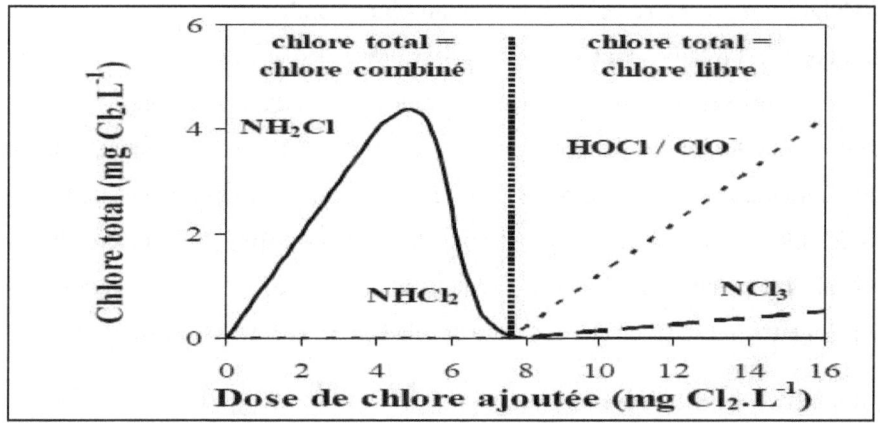

Figure 18 : Courbe du point de rupture pour $[NH4^+]_0 = 1$ mg N/l (Cimetière, 2006).

(Chapin., 1929) est le premier chercheur à étudier ces réactions ; il a observé que le point de rupture (break-point) est obtenu à pH = 5 pour un rapport molaire N/Cl = 0,66 et propose la réaction globale suivante : **$3Cl_2 + 2\ NH_3 \longleftrightarrow N_2 + 6$ HCl**

Plus tard Saunier et Selleck (1979) ont proposé le mécanisme de chloration de l'ammoniaque avec les différentes réactions globales.

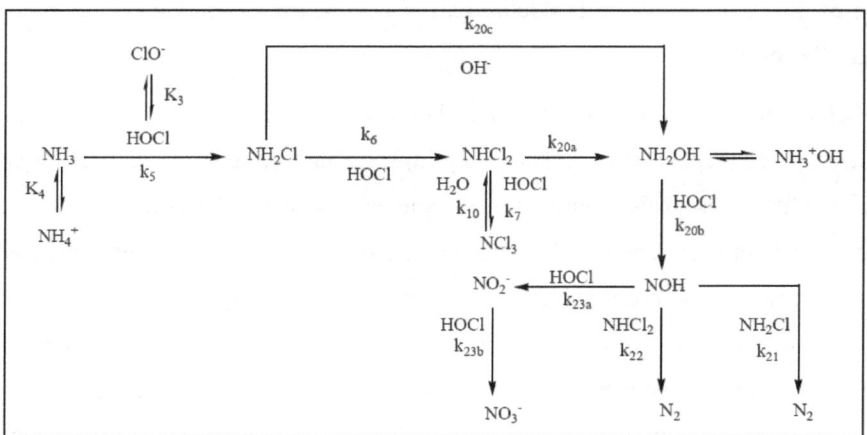

Figure 19 : Mécanisme de chloration de l'ammoniaque proposé par (Saunier et Selleck, 1979)

53

CHEGGARI Karima Thèse de Doctorat National en Chimie de l'Eau et de l'Environnement

Malgré que le chlore est efficace en tant que désinfectant primaire aussi bien que résiduel et est relativement simple à utiliser, toutefois, le chlore réagit également avec les matières organiques d'origines naturelles ou synthétiques, présentes dans l'eau, telles que les acides humiques, fulviques, hydrocarbures, phénols, etc. Cette réaction chimique du chlore avec la matière organique produit une famille de composés appelés sous-produits de désinfection (SPD), soit les trihalométhanes (THM) si le précurseur (p) est facilement oxydable, soit les composés organohalogénés (COX) dans le cas contraire (NRC, 1980; Hureiki et Croue, 1996).

I.4.3. Réactivité du chlore en solution aqueuse

En solution aqueuse, le chlore est un composé susceptible de réagir avec de nombreuses fonctions et selon divers mécanismes.

I.4.3.1. Vis-à-vis des composés organiques aliphatiques

D'un point de vue mécanistique, des réactions d'addition de chlore peuvent avoir lieu sur les liaisons insaturées C=C via le transfert d'un ion Cl^+ suivi d'une hydroxylation (Morris, 1978). Cependant, en raison des faibles constantes de réaction, ce phénomène ne devrait pas être observé dans les conditions classiques de traitement d'eau, à moins que la double liaison ne soit activée par un groupement donneur d'électrons.

Selon Debord et Von Gunten (2008), la réactivité du chlore avec les fonctions oxygénées est également limitée. Tout d'abord, les acides se révèlent en effet d'une grande stabilité vis-à-vis du chlore. Puis, dans le cas des aldéhydes et des cétones, la chloration se traduit par une réaction de substitution sur le carbone α du groupement carbonyle conduisant à la formation d'acétate et de chloroforme (Roberts et Caserio, 1968 ; Morris, 1978 ; Doré, 1989). Enfin, la réaction du chlore avec les alcools est très lente mais ceux-ci peuvent néanmoins être oxydés en composés carbonylés, les alcools primaires et secondaires formant respectivement des aldéhydes et des cétones (Roberts et Caserio, 1968).

CHEGGARI Karima Thèse de Doctorat National en Chimie de l'Eau et de l'Environnement

I.4.3.2. Vis-à-vis des composés organiques aromatiques

Le chlore réagit principalement sur les cycles aromatique par substitution électrophile en position *ortho* ou *para* d'un substituant **R** donneur d'électron (Debord et Von Gunten, 2008 ; Roberts et Caserio, 1968). La nature de ce dernier influence alors la vitesse de réaction. En effet, un groupement **R** donneur d'électrons augmente la densité de charge du cycle aromatique conduisant à une réaction de substitution plus rapide.

En revanche, dans le cas de composés aromatiques polycycliques, les liaisons C-C ne possèdent pas toutes une densité d'électron identique. Une réaction avec le chlore à travers des mécanismes de substitution ou d'addition pour former des liaisons C-OH, C=O et C-Cl devra alors êtres envisagée (Oyler et *al.*, 1983). Enfin, en raison d'une structure électronique intramoléculaire plus complexe, l'action du chlore sur les composées hétérocycliques est plus difficile à prévoir et des réactions de substitutions, d'addition ou d'oxydation peuvent êtres réalisables (Doré, 1989)

I.4.3.3. Vis-à-vis de la matière organique naturelle (acide humique et fulvique)

L'analyse de la grande majorité des eaux superficielles révèle qu'elles sont riches en substances humiques : acide humique et fulviques (souvent des concentrations supérieures à 1 mg/l).

Les figures ci-dessous (Figure 20 et Figure 21) représentent les structures de l'acide humique et de l'acide fulvique :

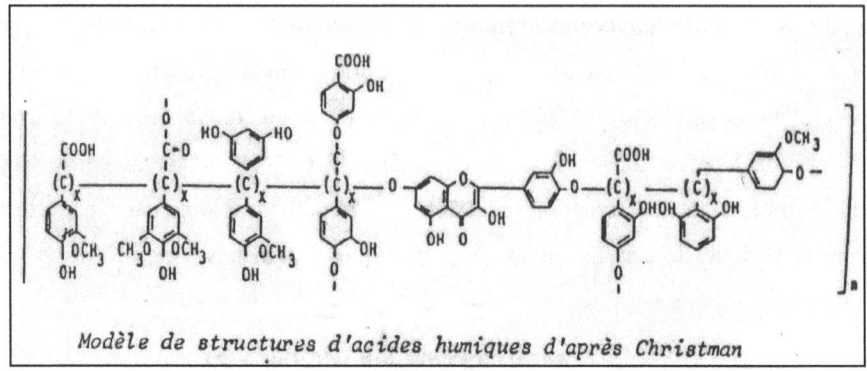

Figure 20 : Formule de l'acide humique (Doré, 1989).

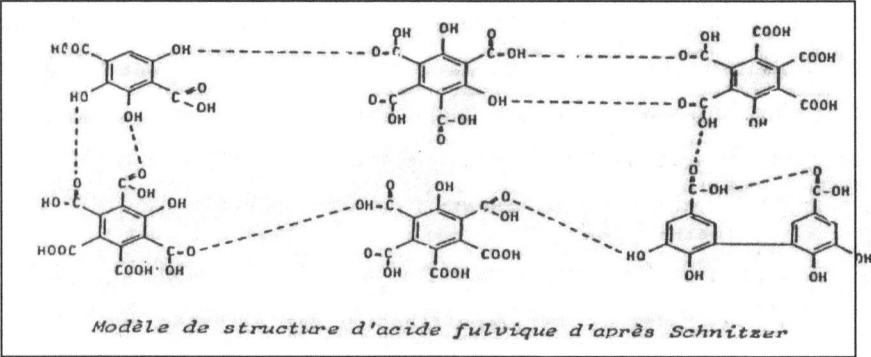

Figure 21: Formule de l'acide fulvique (Doré, 1989).

Ces deux acides sont constitués par des macromolécules qui comportent des fonctions poly- aromatiques portant des substituants hydroxyles, méthoxy et carboxyliques.

Ces molécules possèdent des sites potentiellement réactifs avec le chlore et constituent du fait de bons précurseurs pour les trihalométhanes.

C'est le chloroforme qui' est le trihalométhane le plus obtenu lors de la réaction entre le chlore et les substances humiques.

Compte tenu de la réactivité importante du chlore vis-à-vis de l'azote ammoniacal, on pourrait penser que la formation des THM (chloroforme) ne peut intervenir qu'après le point de rupture, c'est-à-dire après la dégradation totale de

56

l'ammoniac par le chlore correspondant à un rapport massique $Cl_2/NH_3 = 6,7$. (**NH$_3$ + Cl$_2$ N$_2$ + 6 HCl**).

I.4.3.4. Vis-à-vis de la matière organique d'origine industrielle (acétone et dérives benzéniques)

En fait, si nous considérons le cas d'une eau de surface contenant de l'azote ammoniacal et des précurseurs différents, nous remarquons le phénomène de compétition ammoniac-précurseur.

Ce phénomène est présenté dans la figure ci-dessous qui montre l'évolution de la formation des trihalométhanes et des chloramines en fonction de la nature de précurseur:

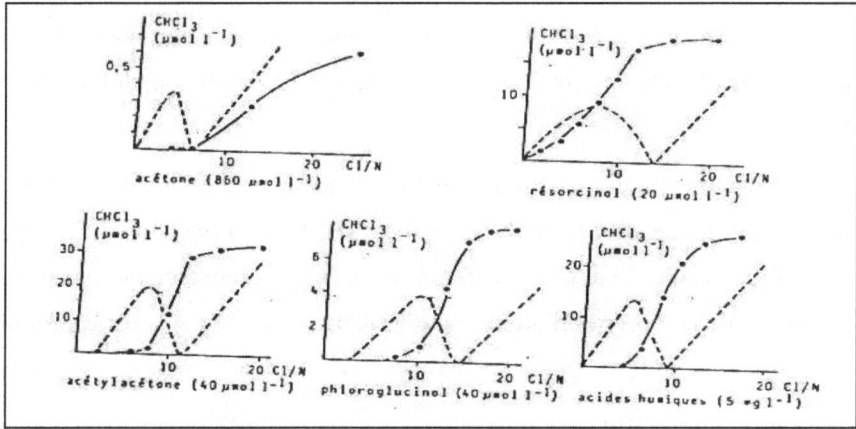

Figure 22 : Action compétitive du chlore sur l'ammoniaque et différents précurseurs de THM (Doré, 1989).

Dans cette figure, les cas extrêmes de réactivité sont représentés par le résorcinol (très réactif) et l'acétone (mois réactif), pour lesquels on observe respectivement la formation du chloroforme avant le point de rupture c'est-à-dire parallèlement avec la formation des chloramines (pour le résorcinol) et après le point de rupture c'est-à-dire après la destruction totale des Chloramines (pour l'acétone).

Pour les autres composés présentant des réactivités intermédiaires, on observe la formation du chloroforme au cours de la partie descendante de la courbe (de point

CHEGGARI Karima Thèse de Doctorat National en Chimie de l'Eau et de l'Environnement

de rupture), généralement avant le point de rupture et avant la destruction totale des chloramines ce qui fait que l'eau va contenir des THM et des chloramines. Les substances humiques appartiennent généralement à cette série de composés. (Doré, 1989)

I.5. Trihalométhanes (THM) et Composes Organohalogénés (COX)

I.5.1. Généralités et propriétés

Les trihalométhanes sont un groupe de composés qui se forment par réaction entre le chlore utilisé pour désinfecter l'eau potable et des matières organiques présentes naturellement dans l'eau (Santé Canada, 2006 ; Rook, 1980).

Sont aussi des composés formés d'un seul atome de carbone lié à des halogènes, de formule générale CHX_3, où X est un halogène pouvant être généralement soit du chlore, soit du brome, soit une combinaison de ces deux éléments.

Vu que le brome est très réactif, il rentre en compétition avec le chlore même à l'état de trace et forme des THM bromés. Les THM que l'on retrouve le plus couramment dans l'eau potable sont le chloroforme $CHCl_3$, le bromodichlorométhane $CHBrCl_2$ (BDCM), le dibromochlorométhane $CHClBr_2$ (DBCM) et le bromoforme $CHBr_3$.

La mesure des THM totaux évalue ces quatre THM courants, dont le chloroforme constitue habituellement la proportion la plus importante (Santé Canada, 2006 ; Direction de l'hygiène, canada, 1995).

I.5.2. Sources des THM dans l'environnement

Les trihalométhanes (THM) se trouvent principalement dans l'eau potable suite à la chloration des matières organiques présentes naturellement dans les approvisionnements en eau brute, aussi ils sont rejetés dans l'environnement par des sources industrielles.

Plusieurs études ont évalué l'importance de l'exposition au chloroforme et au bromodichlorométhane (BDCM) par inhalation et absorption cutanée de l'eau du robinet dans la douche et le bain.

L'utilisation d'une piscine produit une exposition aux THM par inhalation et voie cutanée, et surtout le chloroforme, qui 'est détecté aussi dans plusieurs aliments et boissons. (Santé Canada, 2006).

I.5.3. Effets des THM sur la santé

De nombreuses études effectuées sur les animaux (en 1974) ont montré l'existence d'un lien entre une exposition à des trihalométhanes et surtout le chloroforme et l'apparition de tumeurs du foie chez la souris ainsi que de tumeurs rénales chez le rat et la souris; certaines études portant sur des humains viennent appuyer ces observations.

Les études sur les humains suggèrent l'existence d'un lien entre l'exposition aux trihalométhanes et les cancers colorectaux, et également un lien entre l'exposition à des concentrations élevées de trihalométhanes et des effets en matière de reproduction (Risque accru de fausses couches ou de mortinatalité) (Santé Canada, 2006 ; Curieux et *al.*, 1998).

Aussi des études préliminaires sur les animaux montrent que le bromodichlorométhane (BDCM) et les autres trihalométhanes qui contiennent du brome peuvent être plus toxiques que les trihalométhanes chlorés, tels que le chloroforme.

Les études sur les animaux ont mis en évidence l'apparition de tumeurs des gros intestins chez le rat. Le chloroforme est considéré aussi comme un composé probablement cancérogène pour les humains.

Donc parmi les quatre trihalométhanes les plus couramment trouvés dans l'eau potable, le bromodichlorométhane (BDCM) semble être le composé le plus cancérogène pour les rongeurs, puisqu'il cause des tumeurs à des doses moins élevées et dans un plus grand nombre de sites cibles que les trois autres THM (Santé Canada, 2006).

I.5.4. Les normes des THM

La norme Marocaine pour le chloroforme est de 200 µg/l (NM 03.7.001), par contre d'après l'organisation mondiale de la santé (OMS) elle est de 30 µg/l. (Doré, 1989)

Pour l'ensemble des trihalométhanes la teneur limite au robinet du consommateur est de 100 µg/l, aussi bien pour la norme Marocaine, et que pour l'OMS.

Aux États Unis, l'Environmental Protection Agency (E.P.A) a réduit la norme de 100 à 80 µg/l pour les THM totaux. De même, pour la norme canadienne (Doré, 1989).

I.5.5. Formation des THM et COX

La présence du chlore dans l'eau entraine la formation des THM qui sont des sous-produits de la chloration, formés principalement par réaction du chlore avec des substances organiques naturelles (substances humiques et fulviques) présentes dans l'eau. Le chloroforme est généralement le principal THM mesuré dans l'eau potable (jusqu'à 90% en poids de tous les THM) (Santé Canada, 1993).

Les teneurs en THM peuvent donc varier de façon importante en fonction de la matière organique (COT) mais également en fonction d'autres paramètres de la qualité de l'eau tels les bromures, le pH, l'ammoniac, l'alcalinité et la température. Les procédés et les paramètres de traitement, chloration avant coagulation ou l'inverse (enlèvement de la matière organique avant l'application du désinfectant), type de désinfectant, dose du désinfectant, temps de contact et la saison influencent aussi sur les concentrations des THM dans l'eau. (Laferrière et al, 1999)

La figure ci-dessous, montre les différentes étapes de formation des sous-produits de chloration d'une eau contenant l'azote ammoniacal (NH_4^+), les ions

60

bromures (Br⁻), et les précurseurs (P). Le trihalométhanes le plus formé est le chloroforme.

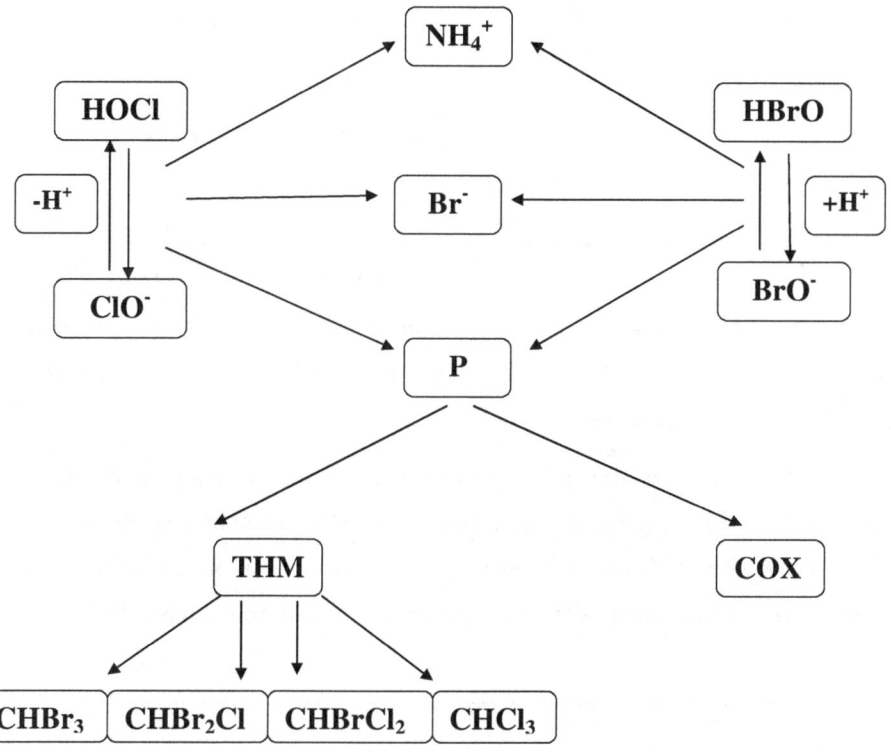

Figure 23 : Schéma de formation des THM et COX en présence d'azote ammoniacal, ions bromures et les précurseurs (Doré, 1989).

I.5.5.1. Mécanisme de formation du chloroforme à partir d'une forme quinonique du résorcinol

Pour le mécanisme de formation du chloroforme, on peut citer comme exemple le précurseur considéré le plus réactif qui est le résorcinol, la figure ci-dessous représente le mécanisme réactionnel préposé pour la formation du chloroforme à partir d'une forme pseudo quinonique du résorcinol :

61

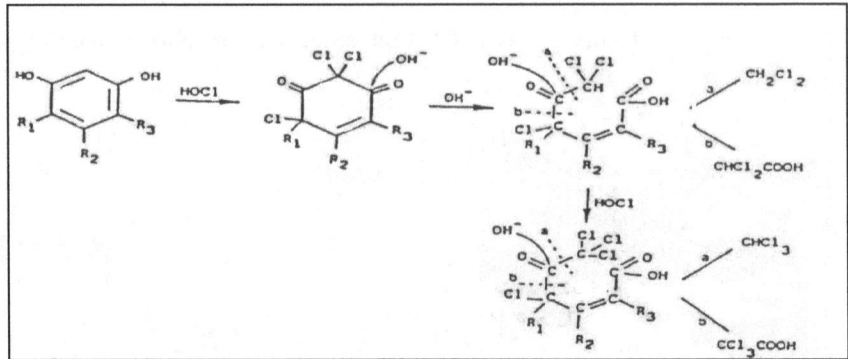

Figure 24 : Mécanisme réactionnel de formation du chloroforme (Doré, 1989).

La rupture du cycle est provoquée par l'effet attracteur des atomes du chlore qui induit une charge positive sur le groupement carbonyle voisin, favorisant l'attaque de OH⁻ sur ce carbonyle.

Plus récemment, des travaux effectués sur une molécule marquée (résorcinol ^{13}C), ont montrés sans ambiguïté que l'halogénation du résorcinol se produit sur l'atome du carbone entre les deux hydroxyles en position méta, et qu'elle est suivie de la rupture de la liaison sur ce site pour conduire au chloroforme (Doré, 1989).

I.5.5.2. Facteurs de formation des THM et COX

Les variables chimiques les plus importantes dans la formation de ces sous-produits (THM) lors de la chloration sont le pH, la nature de la matière organique (précurseur), la concentration des ions bromures, et le taux de chloration (Laferrière et *al.*, 1999).

a- Effet du pH

La formation des THM augmente à pH élevé (6,6-8,5) et diminue à pH faible, par contre la formation des autre sous-produits de désinfection (SPD) est minimale à pH élevé et maximale à pH faible.

Cela implique que certaines mesures destinées à faire diminuer la production de THM pourraient favoriser la formation d'autres SPD (Laferrière et *al.*, 1999).

La figure ci-dessous montre l'influence du pH sur le rendement de formation du chloroforme :

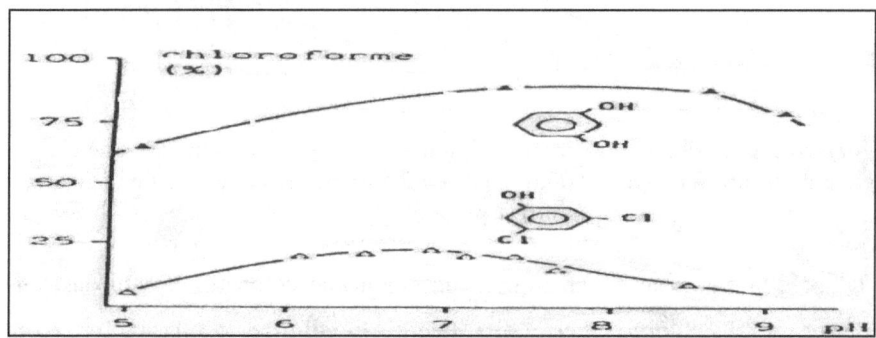

Figure 25 : Influence du pH sur le rendement de formation du chloroforme (Doré, 1989).

La figure montre que dans le cas du résorcinol et du 3,5-dichlorophénol, un maximum de production de chloroforme est obtenu au voisinage de la neutralité.

b- Effet des ions bromures

Dans le cas des eaux naturelles, la présence des ions bromures même à l'état de trace, peut mettre ces derniers en compétition avec les ions chlorures dans la formation des THM chlorés et ou bromés.

Lors de la chloration des eaux de surface, on trouve généralement le chloroforme, mais également des composés organobromés volatils comme le dichlorobromométhane, le chlorodibromométhane, et le bromoforme.

CHEGGARI Karima Thèse de Doctorat National en Chimie de l'Eau et de l'Environnement

Les courbes de la figure ci-dessous représentent les résultats obtenus lors de la chloration d'une eau naturelle enrichie en bromure à une concentration de 500 µg/l :

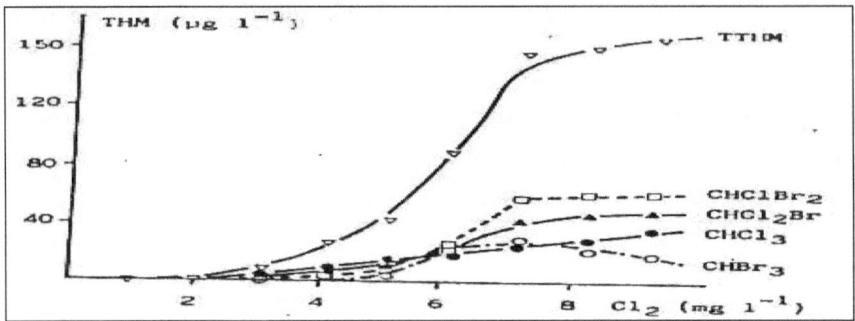

Figure 26 : Évolution des THM en fonction de taux de chloration dans une eau enrichi en ions bromure (Br⁻ =500µg/l, COT= 2,5 mg/l, pH= 8, temps de contact = 24h) (Doré, 1989).

D'après la figure nous remarquons qu'il y'a une compétition entre les ions bromures et les ions chlorures c'est-à-dire que le chloroforme et le bromoforme ont la même évolution au départ, mais lorsque la demande en chlore augmente, à ce moment la concentration du chloroforme augmente et celle du bromoforme diminue. Ceci s'explique par les deux critères du brome : la rapidité et l'instabilité. Car à 20°C la vitesse d'oxydation des bromures par l'acide hypochloreux est de l'ordre de 3×10^3 M^{-1} s^{-1}, il s'agit donc d'une réaction rapide dont la vitesse est du même ordre de grandeur que la vitesse de la formation du chloroforme à partir du résorcinol, qui constitue l'un des précurseurs les plus réactifs. Par ailleurs, la vitesse de formation du bromoforme à partir du même précurseur (résorcinol) par l'action d'acide hypobromeux est également du même ordre de grandeur, d'où vient le phénomène de compétition (Doré, 1989).

Dans le système de ces réactions compétitives, les concentrations des différents THM , seront donc essentiellement fonction de la nature et des concentrations

CHEGGARI Karima Thèse de Doctorat National en Chimie de l'Eau et de l'Environnement

relatives en précurseurs et en bromures, Les courbes de la figure ci-dessous montrent les résultats obtenus lors de la chloration d'une eau de surface en fonction des ions bromures :

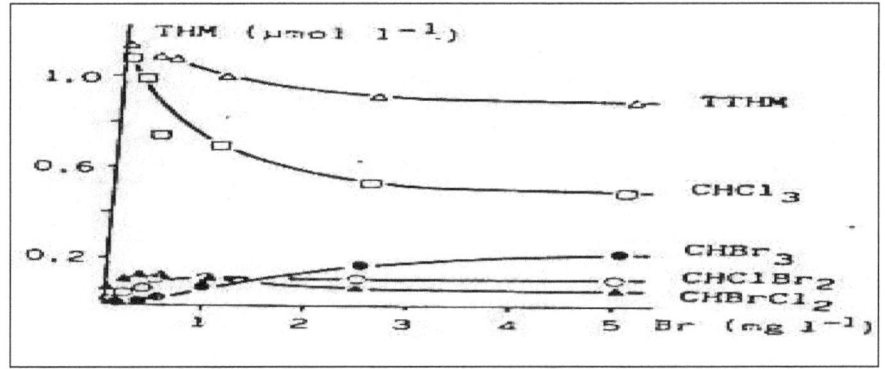

Figure 27 : Évolution des THM d'une eau de surface chlorée en fonction des ions bromures. (Cl_2 = 6,2 mg/l, COT= 2,5 mg/l) (Doré, 1989).

Les courbes montrent que si on augmente la concentration en bromures, les concentrations du bromoforme et des THM bromés ($CHBr_3$, CHClBr2 et $CHBrCl_2$) augmentent aussi. Dans ce cas, contrairement au bromoforme, on observe une diminution de la production de chloroforme et des THM totaux quand le taux de bromures augmente. Ce qui montre que les ions bromures ont un effet négatif sur la formation des THM en rentrant en compétition avec le chlore

c- *Taux de chloration*

Des études ont montrés que lorsqu'on augmente le taux de chloration, la formation des trihalométhanes augmente. La figure ci-dessous représente l'évolution de la formation du chloroforme à partir de différents précurseurs en fonction du taux de chloration :

CHEGGARI Karima Thèse de Doctorat National en Chimie de l'Eau et de l'Environnement

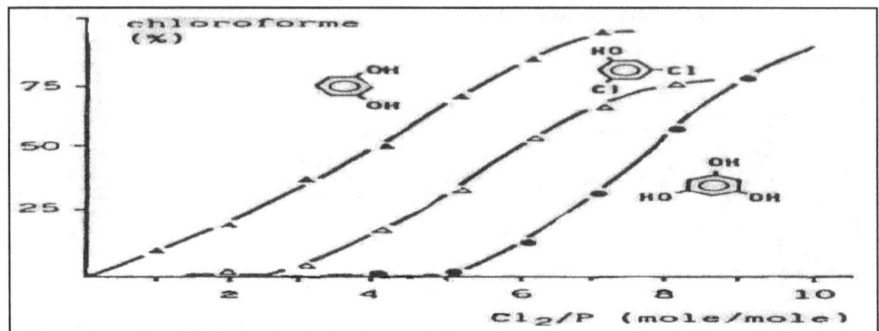

Figure 28 : Évolution du chloroforme en fonction du taux de chloration (Doré, 1989).

D'après la figure, la formation du chloroforme augmente en fonction du taux de chloration pour les trois types de précurseurs, et que les trois précurseurs ont des réactivités différentes, puisque pour le résorcinol les THM sont formés aussitôt que le chlore ajouté, ce qui prouve bien sa réactivité.

Par contre le dichlorophénol étant moins réactif, la formation des THM ne commence qu'à partir de 2 moles du chlore par moles du précurseur. Alors que le 1,3,5 trihydroxybenzéne ne commence qu'à partir de 5 moles du chlore par moles du précurseur.

I.5.6. Traitement et élimination des THM et COX

Les concentrations des THM des COX et d'autres sous-produits chlorés de désinfection dans l'eau potable peuvent être réduites au niveau de l'usine de traitement en éliminant les matières organiques de l'eau avant d'y ajouter le chlore, en optimisant le procédé de désinfection ou en utilisant d'autres stratégies de désinfection.

Les méthodes employées pour contrôler les concentrations des THM ne doivent en aucun cas compromettre l'efficacité de la désinfection de l'eau.

Il est recommandé également de déployer tous les efforts possibles non seulement pour atteindre les concentrations recommandées, mais également pour minimiser les concentrations des THM au niveau le plus bas possible.

Il existe deux approches pour réduire les concentrations des THM et des COX dans l'eau potable traitée :

- ✓ Élimination des précurseurs des THM et COX avant la désinfection;
- ✓ Modification des techniques de désinfection et utilisation d'autres types de désinfectants (Santé Canada, 2006).

I.5.6.1. Élimination des précurseurs avant la désinfection

Les techniques de contrôle visant à réduire les concentrations des THM comprennent l'optimisation de l'élimination des précurseurs par traitement traditionnel comme la coagulation et la sédimentation (Crowther et Partners, 2000).

Dans certains cas, la filtration sur membrane telle que la nanofiltration et l'ultrafiltration peut se révéler plus adéquate qu'un traitement traditionnel (Santé Canada, 2006).

I.5.6.2. Autres techniques de désinfection

L'ozone et les rayons ultraviolets (UV) peuvent remplacer le chlore comme désinfectant.

✓ L'ozone est utilisé comme désinfectant primaire dans des usines de traitement de l'eau de certaines régions du Canada et de l'Europe. L'ozone est un excellent désinfectant et ne forme pas de sous-produits chlorés de désinfection (SPCD), mais il faut le combiner à un désinfectant secondaire pour en maintenir une concentration résiduelle dans les réseaux de distribution.

✓ La désinfection par rayons UV est un procédé physique qui utilise l'énergie photochimique pour empêcher les protéines et les acides nucléiques (c-à-d. ADN et ARN) des cellules de se répliquer. Par conséquent, le micro-organisme ne peut plus infecter son hôte. La désinfection par rayons UV ne produit pas de désinfectant résiduel dans l'eau. Il faut donc ajouter un désinfectant chimique secondaire pour maintenir un résidu dans le réseau de distribution.

On constate que la meilleure façon de réduire les concentrations de THM et COX dans l'eau potable consiste à améliorer certains procédés traditionnels de traitement des eaux afin d'éliminer les composés organiques (précurseurs) avant la désinfection.

La filtration sur charbon actif en grains permet d'éliminer les précurseurs et, par conséquent, de réduire la formation des THM, à condition de ne pas utiliser de grandes quantités de charbon actif, si c'est le cas il faut revenir au procédé et l'améliorer (Santé Canada, 2006).

SYNTHESE ET OBJECTIFS DE LA THÈSE

La partie bibliographique précédente a montré que le changement climatique a plusieurs effets sur l'environnement et surtout sur la qualité des eaux de surface naturelles destinées à l'alimentation humaine. La pollution des eaux naturelles a augmenté d'une manière importante ces dernières décennies, ce qui rend l'eau de plus en plus chargée en matières difficilement éliminables.

Sachant que la chloration des eaux de surface en vue de leur peroxydation ou leur désinfection conduit à la formation des sous-produits de désinfection, THM et COX. La demande en chlore est la quantité de chlore consommée par un échantillon d'eau durant un intervalle de temps bien déterminé. Le chlore est utilisé pour oxyder les matières organiques et inorganiques et pour désinfecter l'eau. Il est maintenant bien établi que la chloration des eaux de surface en vue de leur peroxydation ou leur désinfection conduit à la formation de composés organohalogénés et des trihalométhanes présentant des risques toxicologiques.

De nombreuses études portant sur la chloration de composés organiques modèles ont montré que les composés hydroxybénzéniques sont de très bons précurseurs de dérivés organohalogénés (Composées organohalogénés). Le chloroforme peut représenter une part importante de ces sous-produits.

À l'échelle internationale la majorité des producteurs d'eau utilise actuellement l'ozonation comme première étape de désinfection et laisse la chloration qu'à la dernière désinfection avant distribution d'eau au robinet du consommateur afin d'assurer une quantité du chlore résiduel, au cas d'une incidence bactérienne.

À l'échelle nationale (au Maroc), une désinfection par le chlore (préchloration) est utilisée en tête de traitement pour la potabilisation de l'eau et à la fin de traitement pour sa conservation. On peut dire que le traitement des eaux potables au Maroc se base principalement sur l'étape de la chloration.

Les travaux présentés dans ce mémoire ont pour but de contribuer à sensibiliser le consommateur d'eau sur la dégradation de la qualité d'eau due à la présence des

CHEGGARI Karima Thèse de Doctorat National en Chimie de l'Eau et de l'Environnement

trihalométhanes et composés organohalogénés, formés suite à la réaction du chlore avec la matière organique présente dans l'eau.

Devant l'impossibilité actuelle de suggérer aux producteurs d'eau de remplacer l'étape de la préchloration par une ozonation à cause de son coût élevé, et afin de minimiser la formation des THM et COX pendant la potabilisation de l'eau, nous avons essayé dans cette thèse de contribuer à l'étude d'une solution moins coûteuse, en procédant par élimination des précurseurs (matières organiques) en premier lieu avant de l'attaquer directement par le chlore (étape de la préchloration).

Ces travaux ont pour but d'étudier la demande en chlore et de suivre la formation des trihalométhanes et des composés organohalogénés lors de la chloration d'une eau polluée par différentes substances naturelles ou anthropiques.

Dans une première étape, un suivi des paramètres physicochimiques d'une eau naturelle a été effectué dans le but de caractériser cette eau, pour laquelle la demande en chlore a été déterminée.

Dans une deuxième étape de la présente étude des échantillons d'eau de surface ont été contaminés par le phénol comme précurseur difficilement oxydables par le chlore, l'acétone comme précurseur moyennement dégradable par le chlore et le résorcinol comme précurseur facilement oxydable. De même, une caractérisation physicochimique et une détermination de la demande en chlore avant et après coagulation ont été faites pour ces échantillons.

Afin de pourvoir déterminer l'effet de la nature de la pollution (type de précurseur), et l'effet de la coagulation avant et après chloration sur la formation des trihalométhanes (THM) et des composés organohalogénés (COX), un suivi de ces derniers a été entrepris.

CHAPITRE II

MATÉRIELS

ET

MÉTHODES

CHAPITRE II :   MATÉRIELS ET MÉTHODES

Ce chapitre présente les différents types d'eaux utilisées dans le présent travail ainsi que les différents précurseurs utilisés pour la contamination de ces eaux. De même, il présente le protocole expérimental concernant le traitement des eaux naturelles et les eaux synthétiques préparées au laboratoire avec et sans contamination. Les différentes méthodes analytiques utilisées pour la caractérisation des eaux avant et après les tests de chloration-coagulation ont aussi détaillées.

II.1. Échantillonnage des Eaux

Deux types d'eaux ont été étudiés dans le présent travail :

Des eaux de surface naturelles servant à l'alimentation de la ville de Casablanca en eau potable, ainsi que des eaux naturelles et synthétiques contaminées par quatre précurseurs (phénol, résorcinol, acétone et l'acide humique).

✓ Les eaux naturelles

Deux types d'eaux naturelles ont été étudiés dans la présente étude :

Les eaux de surface du barrage de Bouregreg et du barrage d'Oum Erbia servant à l'alimentation de la ville de Casablanca. Les prélèvements de ces eaux naturelles ont été effectués en prise d'eau de retenue de chaque barrage.

Les eaux traitées de réservoir de Tit Mellil : l'eau à l'entrée de réservoir, à la sortie, et chez le consommateur (eau du robinet). Les échantillons d'eaux traitées ont été prélevés à l'entrée et à la sortie du réservoir Km 8 AR.BBR de Tit Mellil recevant les eaux traitées du Barrage Bouregreg. L'échantillon de l'eau du robinet a été prélevé chez un consommateur à l'étage 140 (Voir Figure 12, Tableau 1, chapitre I) de la ville de Casablanca.

L'échantillonnage des eaux a été réalisé dans des bouteilles en polyéthylène de type Van Dorn, d'un litre de capacité. Les bouteilles ont ensuite été placées dans une glacière et accompagnées de deux blocs réfrigérants de 500 ml (ice packs) préalablement mis au congélateur. Au laboratoire, les échantillons sont conservés au réfrigérateur à 4°C jusqu'à leur utilisation.

CHEGGARI Karima Thèse de Doctorat National en Chimie de l'Eau et de l'Environnement

✓ Les eaux contaminées

Deux types d'eau contaminée ont été étudiés dans le présent travail :

La première est une eau naturelle de la rivière Beauport à proximité de la ville de Québec au Canada. Cette eau a été analysée, puis traitée au laboratoire suivant le procédé appliqué au Maroc, avec ou sans contamination préalable par le phénol, l'acétone, le résorcinol, ainsi que par le mélange de tous ces précurseurs en présence de l'acide humique. De même, les échantillons d'eaux ont été transportés dans des contenants en polyéthylène et conservés au réfrigérateur à 4°C jusqu'à leur utilisation.

Afin de s'approcher des concentrations en matières inorganiques avoisinant les eaux brutes, deux types d'eaux synthétiques (a) et (b) ont été préparées au laboratoire, par ajout à l'eau déminéralisée des sels chimiques sélectionnés préalablement, et en prenant comme source de matière organique l'acide humique. C'est le deuxième type d'eau contaminée utilisé dans le présent travail.

Les tableaux ci-dessous regroupent les différents sels ajoutés pour produire les eaux synthétiques (a) et (b) :

Tableau 2 : Sels ajoutés pour l'eau synthétique de type (a)

Eléments	sels	Masse prise (mg/l)
Calcium	$CaCl_2, 2H_2O$	1,89
Magnésium	$MgSO_4, 7H2O$	1,44
Potassium	KCl	6,21
Fluor	NH_4F	0,68
Fer dissous	$FeSO_4, 7H2O$	3,13
Manganèse	$MnSO_4, H2O$	1,44
Aluminium	$Al_2(SO_4)_3$	4,27
Azote ammoniacal	NH_4Cl	2,14
Phosphore total	$Na_3PO_4, 12H_2O$	5,6
Silicate	$Na_2SiO_3, 9H_2O$	26 ,00
Nitrate	$NaNO_3$	7,79

Tableau 3 : Sels ajoutés pour l'eau synthétique de type (b)

Eléments	sels	Masse prise (mg/l)
Calcium	$CaCl_2, 2H_2O$	0,03
Magnésium	$MgSO_4, 7H2O$	0,36
Potassium	KCl	7,4
Chlorure	NaCl	0,28
Fer dissous	$FeSO_4, 7H2O$	0,61
Aluminium	$Al_2(SO_4)_3$	9,81
Azote ammoniacal	NH_4F	0,22
Phosphore total	$Na_3PO_4, 12H_2O$	1,23
Nitrate	$NaNO_3$	0,3

Pour assurer une quantité de matière organique proche de celle des eaux naturelles, nous avons utilisé l'acide humique comme source de matière organique. Les masses d'acide humique (H16752-100G, CAS 68131-04-4, Aldrich, Munich, Allemagne) ajoutées pour chaque type d'eau ont été déterminées en fonction de la demande chimique en oxygène (DCO) à atteindre pour les eaux synthétiques (a) et (b), afin de s'approcher des eaux naturelles.

Pour cela, une courbe d'étalonnage de la demande chimique en oxygène (DCO) en fonction des masses d'acide humique a été tracée.

La courbe ci-dessous représente l'évolution de la DCO en fonction des masses d'acide humique :

CHEGGARI Karima Thèse de Doctorat National en Chimie de l'Eau et de l'Environnement

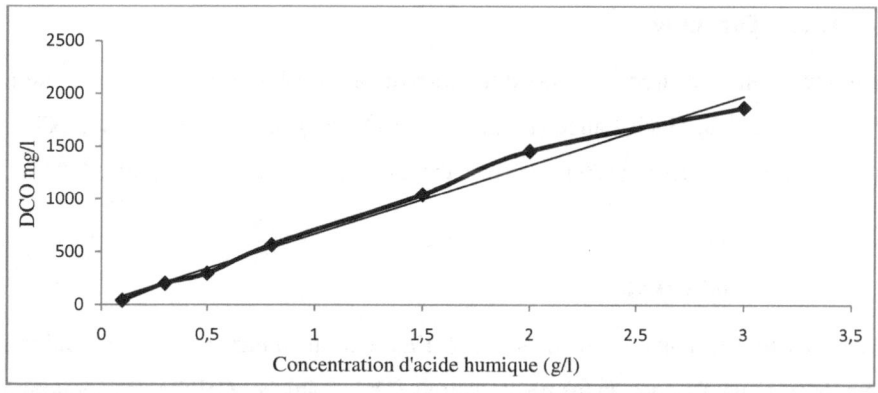

Figure 29 : Courbe d'étalonnage DCO en fonction des concentrations d'acide humique.

Ces eaux synthétiques et aussi les eaux naturelles ont été conservées dans des bouteilles en PVC à 4°C et ont fait l'objet d'un suivi des paramètres physicochimiques.

II.2. Paramètres physicochimiques

Les paramètres suivis dans la présente étude, aussi bien pour les eaux brutes que pour les eaux traitées sont, le pH, la conductivité, la turbidité, le chlore résiduel, le carbone organique total (COT), l'azote total (N_T), la demande chimique en oxygène (DCO), la matière minérale, les THMs et composés organohalogénés. Les paramètres physicochimiques suivis sont :

II.2.1. pH

La mesure du pH a été réalisée en utilisant un pH-mètre Accumet Research modèle AR 25 Dual Channel pH/Ion meter de Fisher Scientific (Nepean, ON, Canada) équipé d'une double jonction Cole-Parmer avec une électrode de pH Ag/AgCl calibrée chaque jour entre 4 et 9 en utilisant des solutions tampons rattachées aux étalons internationaux certifiés NIST (Cole Parmer Instrument, Anjou, QC, Canada). Les étalons sont conservés à température ambiante. Avant chaque prise de mesure les électrodes sont nettoyées à l'eau distillée.

II.2.2. Turbidité

La turbidité a été mesurée à l'aide d'un turbidimètre Néphélométrique à lumière infrarouge de marque Hach Lange (modèle 2100AN IS, gamme 0.001 à 1000 NTU, Noisy Le Grand, France). L'étalonnage a été effectué grâce aux étalons STABL CAL.

II.2.3. Conductivité

La conductivité des eaux a été mesurée à l'aide d'un appareil de type Oakton (modèle 510, Cole Parmer Instrument, Anjou, QC, Canada) Celui-ci est étalonné avant chaque utilisation avec des solutions étalons de KCl 0,1 et 0,01 M.

II.3. Matière organique

II.3.1. Détermination de la demande chimique en oxygène (DCO)

La détermination de la demande chimique en oxygène (DCO), renseigne sur toutes les matières organiques biodégradables et non dégradables ainsi que toutes les matières inorganiques très oxydables.

La DCO se définit par la quantité d'oxygène spécifique qui réagit avec un échantillon dans des conditions définies. La quantité d'oxygène consommée est exprimée en termes de son équivalent en oxygène: mg d'O_2 /l.

La méthode DCO de Hanna est basée sur la «méthode par colorimétrie au dichromate à reflux fermé», en conformité avec les principaux cours officiels d'analyse chimique dans les eaux naturelles et les eaux usées (Standard Methods for the Examination of Water and Wastewater).

La DCO a été mesurée selon la méthode 5220D (APHA, 1999), avec une courbe standard (0-1000 mg/l) établie à l'aide d'un spectrophotomètre UV de marque Varian (modèle Cary 50, Varian Canada Inc., Saint-Laurent, QC, Canada).

II.3.2. Détermination du carbone organique total (COT)

La détermination du carbone organique total se fait par la mesure de tous les composés organiques fixés ou volatils présents dans les eaux.

Le carbone organique trouvé dans les eaux naturelles est composé en majeure partie de substances humiques, de matériaux végétaux et animaux partiellement dégradés ainsi que de substances organiques provenant de divers effluents municipaux et industriels il est utilisé comme un critère de la pollution organique.

Le carbone organique total (COT) contenu dans les eaux est la somme :

- Du carbone organique dissous (COD)
- Du carbone organique particulaire

Par cette technique d'analyse, le carbone organique dissous subit une décomposition en CO_2 qui est en suite analysé par spectroscopie infrarouge.

Les échantillons sont acidifiés avec HCl et dégazés sept minutes avant l'analyse pour éliminer le carbone inorganique dissous encore présent (et par le fait même le carbone organique volatil) et ne mesurer que le carbone organique non volatil (NPOC).

La teneur du carbone organique total (COT) a été mesurée à l'aide de l'analyseur du carbone organique total de marque Shimadzu (modèle TOC-VCPH, Shimadzu Scientific Instruments Inc., Kyoto, Japon) (Centre d'Expertise en Analyse Environnementale du Québec, 2007).

II.3.3. Détermination de l'azote total (N_T)

Ce paramètre a été déterminé pour avoir la teneur en azote total dans l'échantillon.

Cette méthode sert à mesurer majoritairement toutes les formes d'azote solubles. L'azote total est constitué par trois composantes : l'ammoniac et nitrites, les nitrates et l'azote lié à la matière organique qui est libéré lors de l'oxydation en présence des rayons UV. La concentration d'azote liée à la matière organique peut donc être

77

obtenue en effectuant la différence entre le résultat de l'azote total et les résultats combinés de l'azote ammoniacal et les nitrites et nitrates (Centre d'Expertise en Analyse Environnementale du Québec, 2006). La teneur d'azote total N_T a été mesurée à l'aide de l'analyseur du marque Shimadzu (modèle TOC-VCPH, Shimadzu Scientific Instruments Inc., Kyoto, Japon).

II.3.4. Détermination de l'oxydabilité au permanganate de potassium.

Ce paramètre a été déterminé pour avoir une idée générale sur toutes les matières oxydables contenues dans l'échantillon.

L'indice de permanganate d'une eau correspond à la quantité d'oxygène exprimée en mg/l cédée par l'ion permanganate (MnO_4^-) est consommée par les matières oxydables contenues dans un litre d'échantillon.

Cette méthode consiste, dans un premier temps, à effectuer une oxydation, des matières oxydables contenues dans l'échantillon, à l'aide d'un excès de permanganate de potassium en milieu acide à reflux.

Dans un deuxième temps, on procède à la réduction du permanganate de potassium par l'oxalate de sodium puis le dosage en retour de l'excès d'oxalate de sodium par le permanganate de potassium.

II.4. Matière inorganique

Ce paramètre a été déterminé pour connaître les teneurs de tous les métaux et les matières inorganiques présents dans les échantillons.

La détermination de la matière minérale a été effectuée à l'aide d'un spectromètre d'émission atomique de plasma d'argon à couplage Inductif (ICP-AES marque Varian, Modèle 725-ES).

La figure ci-dessous présente la photo de l'appareil ICP-AES utilisé :

Figure 30 : Photo de l'appareil d'ICP-AES (utilisé à l'INRS au Québec)

Principe :

Le principe de cette technique analytique consiste à mesurer les raies d'émission des éléments atomisés et excités sous l'effet thermique du plasma.

Le schéma général de cette méthode d'analyse est présenté dans la figure ci-dessous:

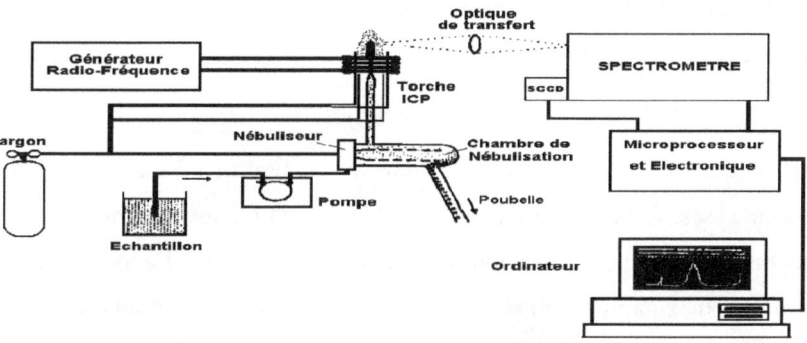

Figure 31 : Présentation générale de la technique d'ICP-AES.

L'échantillon liquide est nébulisé et séché en aérosols solides à l'aide d'un nébuliseur sous un flux d'argon qui le transporte directement au cœur de la torche à plasma pour atomiser les éléments présents.

La figure ci-dessous, résume les différentes étapes pour passer l'échantillon liquide aux éléments sous forme atomique.

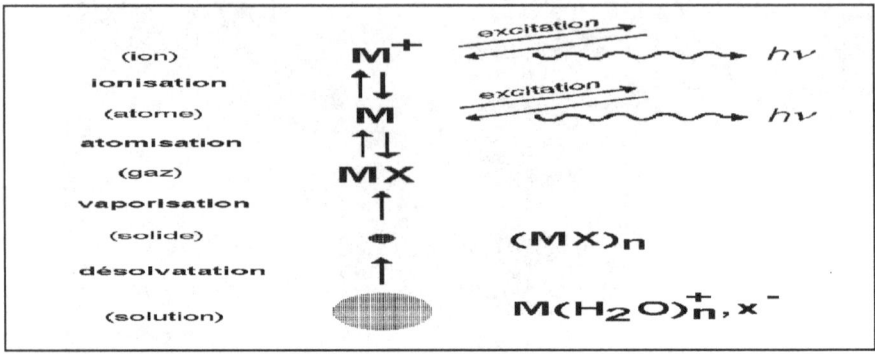

Figure 32: Différentes étapes permettant le passage d'un échantillon liquide à des éléments sous forme atomique.

Avec : (M : métal, X : halogène, n : nombre de mole de molécule H_2O).

Un spectromètre UV-Visible mesure simultanément l'ensemble des photons émis aux différentes longueurs d'ondes par relaxation des éléments excités ou ionisés.

Chaque longueur d'onde est caractéristique d'un élément donné et l'intensité d'émission est proportionnelle à la quantité de cet élément présent dans la flamme.

On peut donc en déduire la composition de l'échantillon.

En conséquence, ni le temps, ni le coût de l'analyse ne dépendent du nombre d'éléments analysés. Cette technique est particulièrement intéressante pour ce travail d'une part du fait de son caractère multi-élémentaire qui permet d'apporter, dans un temps court, un maximum de renseignements sur les éléments solubilisés, et d'autre part par sa très grande sensibilité (inférieure à (µg/l)) (Centre d'Expertise en Analyse Environnementale du Québec, 2008).

II.5. Demande en chlore

La détermination de la demande en chlore a été effectuée, aussi bien pour les eaux synthétiques que pour les eaux brutes des barrages, par traçage de la courbe de point de rupture (Break Point), en utilisant la méthode N, N-diéthylphénylène-1,4-diamine (DPD). (Norme Française : NF T 90-038 Octobre 1987).

La lecture a été faite à l'aide de l'appareil Testpak –Complément idéal du Comparateur 2000+ lovibond.

Afin de tracer la courbe de point de rupture, nous avons eu besoin d'ajouter différentes concentrations de chlore dans l'échantillon. Pour ceci, un dosage d'eau de javel commercial a été effectué.

II. 5.1. Dosage de l'eau de javel (Dosage indirect)

L'hypochlorite de sodium, dont le nom commercial est eau de Javel, est une solution aqueuse contenant du chlorure de sodium ($Na^+ + Cl^-$), de l'hypochlorite de sodium ($Na^+ + ClO^-$) et de la soude ($Na^+ + HO^-$). Elle est obtenue par dissolution du chlore (Cl_2) dans une solution de soude.

$$Cl_{2\,(g)} + 2\,HO^- \rightleftharpoons Cl^-_{\,(aq)} + ClO^-_{\,(aq)} + H_2O$$

Le degré chlorométrique d'une eau de Javel est le volume de dichlore gazeux, mesuré sous les conditions normales de température et de pression (0°C, 101,3 kpa), nécessaire pour fabriquer un litre de solution. Donc un degré chlorométrique correspond à 3.17 g/l en ions hypochlorite.

II.5.2. Courbe de point de rupture

La courbe de point de rupture a été tracée en utilisant la méthode à la (N, N-diéthylphénylène-1,4-diamine (DPD)) pour le dosage du chlore.

Cette méthode est peu sensible à la présence d'autres espèces et permet donc de bien déterminer la teneur en chlore libre et en chlore combiné pour une eau donnée.

La figure ci-dessous représente la molécule du réactif : N, N-diéthylphénylène-1,4-diamine (DPD):

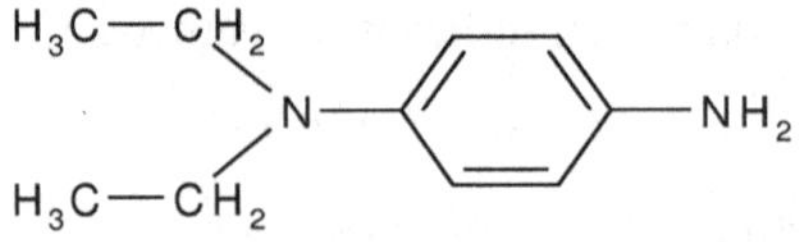

$$H_3C-CH_2$$
$$H_3C-CH_2$$
$$N \longleftarrow \bigcirc \longrightarrow NH_2$$

Figure 33 : Formule chimique du réactif N, N-diéthylphénylène-1,4-diamine (DPD).
(Doré, 1989)

La N, N-diéthylphénylène-1,4-diamine (DPD) : est un réactif sous forme de pastille donnant une couleur rose en présence du chlore.

- La pastille DPD n°1 donne la teneur en chlore libre

- La pastille DPD n°4 (ou DPD n°1 + DPD n°3) donne la teneur en chlore total

La différence entre ces teneurs donne la teneur en chloramines, ce qui permet de suivre parfaitement la qualité de la désinfection de l'eau.

Les (n°1 n°2 n°3 n°4) sont des numéros commerciaux des pastilles de DPD.

Le tableau ci-dessous résume les différentes formes de chlore et les numéros des pastilles de DPD qui les déterminent :

Tableau 4 : Numéros des pastilles de DPD déterminant les différentes formes du chlore.

appellation	Synonyme	Composition	Formule	Détermination
Chlore libre	Chlore libre total	-Acide hypochloreux -ion hypochlorite -chlore	-HOCl -ClO$^-$ -Cl$_2$	Pilule DPD n°1
Chlore actif	Chlore libre actif Chlore réellement libre	-Acide hypochloreux -chlore	-HOCl -Cl$_2$	Détermination en fonction du pH et de la mesure DPD n°1
Chlore total	Chlore résiduel total	-Acide hypochloreux -ion hypochlorite -chlore -chloramines	HOCl ClO$^-$ Cl$_2$ NH$_2$Cl NHCl$_2$ NCl$_3$	Pilule DPD n°4 ou DPD n°1 + DPD n°3
Chlore combiné	Chloramines	Chloramines minérales et organiques	NH$_2$Cl NHCl$_2$ NCl$_3$ NR$_n$Cl$_{3-n}$	Différence entre la mesure du chlore total et la mesure du chlore libre

Le chlore résiduel a été déterminé à l'aide d'un appareil Testpak (Comparateur 2000+Lovibond, Tintometer-Group, France), en utilisant la méthode à la DPD (diéthyl-p-phenyldiamine) (Norme Française: NF T 90-038 Octobre 1987).

CHEGGARI Karima Thèse de Doctorat National en Chimie de l'Eau et de l'Environnement

II.6. Suivi des THM, des COX et des produits phénoliques

Un suivi des THM et des COX, et des produits phénoliques, ainsi que des précurseurs stables a été effectué par la méthode MA. 400 - COV 1.1. (CEAEQ, 2008). L'appareil utilisé pour cette analyse est du type Purge and Trap Teledyne Tekmar concentrator velocity XPT (modèle EMQ0656, Mason, Ohio, USA), couplé à un chromatographe en phase gazeuse (GC/MS) de marque Agilent (modèle 6890N, Santa Clara, CA, USA), muni d'un détecteur à spectrométrie de masse Agilent (modèle 5973, Santa Clara, CA, USA). La limite de seuil de détection était de 0.1 µg/l pour la plupart des composés mesurés.

Les analyses des THM, des COX et des produits phénoliques ont été effectuées au laboratoire Bodycote Groupe D'Essais (appelé récemment Exova) 1818 Rte de L'Aéroport - Québec - Québec - Canada - G2G 2P8.

Principe

La détermination des trihalométhanes s'effectue en deux étapes.

La première étape consiste à transférer les trihalométhanes de l'échantillon aqueux à l'aide d'un système « Purge and Trap ». Dans ce système, un gaz inerte circule à travers l'échantillon dans un barboteur spécialement désigné à cet effet à la température ambiante. Les trihalométhanes sont ainsi transférés de l'échantillon aqueux sur une colonne contenant un adsorbant où ils sont captés.

Dans la seconde étape, la colonne contenant l'adsorbant est chauffée et le courant de gaz inerte est inversé afin de désorber les trihalométhanes sur une colonne chromatographique.

La température du chromatographe en phase gazeuse est programmée afin de séparer les différents composés qui, par la suite, sont détectés avec un spectromètre de masse.

Le système de détection utilisé est un détecteur de masse de type quadripolaire fonctionnant dans le mode d'acquisition de balayage des ions (SCAN).

La concentration des trihalométhanes est déterminée par comparaison des surfaces obtenues pour l'échantillon à un temps de rétention donné, et celles de chacune des solutions étalons des trihalométhanes (Centre d'Expertise en Analyse Environnementale du Québec, 2008).

II.7. Coagulation des eaux

L'effet de la coagulation-floculation sur l'élimination des précurseurs et la production de THMs et COX a été étudié en appliquant un traitement de l'eau par le sulfate d'aluminium $[Al_2(SO_4)_3, 14H_2O]$ avant et après l'étape de la chloration. Des essais avec un Jar-test ont permis de déterminer les doses optimales de coagulant à l'aide d'un suivi de la DCO exprimé en rendement de coagulation en fonction des concentrations de sulfate d'aluminium ajoutées.

Le sulfate d'aluminium a été ajouté à des volumes de 1 L pour le traitement des échantillons d'eaux prélevés. Ces eaux ont ensuite été agitées pendant 5 min à l'aide du jar test, puis soumises à la décantation pendant 24 h.

CHEGGARI Karima Thèse de Doctorat National en Chimie de l'Eau et de l'Environnement

CHAPITRE III

CHLORATION DES EAUX NATURELLES DESTINÉES À L'ALIMENTATION HUMAINE ET DÉTERMINATION DES SPD (THM et COX)

CHAPITRE III : CHLORATION DES EAUX NATURELLES DESTINÉES À L'ALIMENTATION HUMAINE ET DÉTERMINATION DES SPD (THM ET COX)

Introduction

La production de l'eau potable au Maroc passe par un traitement dont l'une des étapes est la préchloration. Le chlore est efficace et ce, aussi bien en tant que désinfectant primaire que désinfectant résiduel. Il est aussi relativement simple à utiliser. Toutefois, le chlore réagit également avec les matières organiques d'origines naturelles ou anthropiques présentes dans les eaux. Cette réaction chimique du chlore avec les matières organiques produit une famille de composés appelés les sous-produits de désinfection (SPD), soit les trihalométhanes (THM) et les composés organohalogénés (COX) (Hureiki et Croue 1996).

Au Maroc, la pré-oxydation et la désinfection finale sont effectuées à l'aide du chlore. En cas de la diminution de ce dernier une injection du chlore s'effectue. Cette injection s'effectue à différents points du réseau: à la sortie de la station de traitement, à l'entrée du réservoir de stockage, à la sortie et pendant la distribution à différents points sur le réseau jusqu'à l'arrivée de l'eau chez le consommateur.

Le but de notre travail dans ce chapitre est d'évaluer l'effet de la chloration sur la formation des SPD et, en particulier, les THM et COX, lors du traitement des eaux de surface alimentant la ville de Casablanca pendant les différentes étapes effectuées à la station de traitement, au cours du stockage dans les réservoirs et jusqu'à l'arrivée d'eau chez le consommateur.

Comme première étape de cette partie une caractérisation physico-chimique des eaux de surfaces alimentant la ville de Casablanca Bouregreg et Oum Erbia pendant les différentes étapes de traitement a été effectuée. De même, un suivi de la qualité de l'eau du barrage de Bouregreg dès sa sortie de la station de traitement, en passant par son stockage dans le réservoir de Tit Mellil, jusqu'à son arrivée chez le consommateur a été effectué.

CHEGGARI Karima Thèse de Doctorat National en Chimie de l'Eau et de l'Environnement

Dans une deuxième étape, une détermination de la demande en chlore a été effectuée pour ces eaux à l'aide du traçage de la courbe de point de rupture.

Afin d'évaluer les conséquences de la chloration, des tests de suivi des THM et des COX, pour les eaux de surface Bouregreg et Oum Erbia, les eaux de réservoir de Tit Mellil à l'entrée de réservoir, à la sortie et même chez le consommateur ont été effectués.

III.1. Caractéristiques des eaux naturelles

III.1.1. Eaux de surface Bouregreg et Oum Erbia

III.1.1.1. Période estivale

Le tableau ci-dessous représente les différents paramètres mesurés pour les eaux brutes des barrages Bouregreg et Oum Erbia prélevées à l'entrée de la station de chaque barrage pendant la période d'été.

Tableau 5 : Caractéristiques des eaux brutes de Bouregreg et d'Oum Erbia en période estivale.

Paramètres	Bouregreg	Oum Erbia	Norme des eaux brutes
pH	8.1	8.0	6,5-8,5
Conductivité (µs/cm)	421	1585	2700
Turbidité (NTU)	114	336	-------
Oxydabilité (mg/l)	2.8	3.2	5
DCO (mg/l)	50.7	184	30 *
COT (mg/l)	5.56	9.73	2 *
Azote total (mg/l)	4.03	5.86	-------
Demande en chlore (mg/l)	1.8	3.2	-------
Na (mg/l)	116	125	-------
Ca (mg/l)	75.5	108	-------
Mg (mg/l)	20.9	47.7	-------
Mn (mg/l)	0.60	0.53	-------
Al (mg/l)	1.16	1.16	-------
Fe (mg/l)	18.9	5.39	-------
Ni (mg/l)	11.6	2.80	-------
S (mg/l)	96.2	178	-------
Si (mg/l)	12.1	5.05	-------
Zn (mg/l)	1.19	0.38	-------
Cd (mg/l)	1.07	0.10	-------

Cr (mg/l)	4.27	1.65	-------
Cu (mg/l)	0.76	0.21	-------

* : d'après la norme française, La DCO et le COT ne figurent pas dans la norme Marocaine.

D'après ces résultats, on constate que les eaux de surface sont turbides et chargées en matière minérale, ainsi qu'en matière organique.

En ce qui concerne l'eau d'Oum Erbia, elle est turbide et dépasse presque quatre fois les normes pour les teneurs de la DCO et du COT.

D'après ces résultats, on constate que les deux eaux sont chargées en matières minérales, et elles dépassent les normes pour certains éléments :

-L'aluminium dépasse cinq fois la norme pour les deux eaux de Bouregreg et d'Oum Erbia.

-Le fer dépasse respectivement la norme soixante deux et seize fois pour l'eau de Bouregreg et d'Oum Erbia.

-Le cadmium dépasse respectivement la norme trois cent et trente fois pour l'eau de Bouregreg et d'Oum Erbia.

-Le chrome dépasse respectivement la norme huit cent et trois cent fois pour l'eau de Bouregreg et d'Oum Erbia.

III.1.1.2. Période hivernale

Le tableau ci-dessous représente les différents paramètres mesurés pour les eaux brutes et traitées des barrages Bouregreg et Oum Erbia prélevées à l'entrée et à la sortie de la station de chaque barrage pendant la période hivernale.

Tableau 6: Caractéristiques des eaux brutes et traitées de Bouregreg et d'Oum-Erbia en période hivernale

paramètres	Eau de Bouregreg		Eau d'Oum Erbia	
	Eau brute	Eau traitée	Eau brute	Eau traitée
pH	8,05	7,9	8,43	7,43
Conductivité (µs/cm)	644	512	1045	461
Turbidité (NTU)	0,841	0,392	0,966	0,339

CHEGGARI Karima Thèse de Doctorat National en Chimie de l'Eau et de l'Environnement

DCO (mgO$_2$/l)	95,6	35,14	192,1	55,14
COT (mg/l)	7,8	3,5	4,7	3,5
NT (mg/l)	1,6	1,8	0,4	0,4
Cl ajouté (mg/l)	0	3,2	0	3,8
Cl résiduel (mg/l)	0	0,5	0	0,7
sulfate d'Al ajouté (mg/l)	0	1,1	0	1,4
Ca (mg/l)	25,23	23,84	36,93	28,37
Mg (mg/l)	18,50	17,60	13,18	8,52
K (mg/l)	3,23	2,97	2,01	1,01
Na (mg/l)	62,86	58,92	28,86	38,53
P (mg/l)	0,0135	<LD	0,005	0,066
Fe (mg/l)	0,06	0,04	0,027	0,03
Al (mg/l)	0,085	0,032	0,103	0,032
Pb (mg/l)	<LD	<LD	0,008	<LD
Cd (mg/l)	<LD	<LD	<LD	<LD
Cr (mg/l)	0,0023	0,001	0,0009	0,0015
Cu (mg/l)	0,0031	0,0011	0,0012	0,0012
S (mg/l)	38,97	19,82	16,83	24,33
Zn (mg/l)	0,004	0,003	0,003	0,012
Si (mg/l)	4,21	3,91	3,51	2,08

Les résultats présentés au tableau ci-dessus indiquent que l'eau brute de Bouregreg et l'eau brute de d'Oum Erbia ont des caractéristiques comparables. De même, les résultats montrent que la demande en chlore pour les eaux naturelles augmente avec l'augmentation de la DCO et du COT. Aussi, les résultats ont montré qu'après le traitement des eaux brutes, la DCO a diminué presque plus de la moitié pour les deux types d'eau (Bouregreg et Oum Erbia). De même, en ce qui concerne le COT, il a diminué plus de la moitié pour l'eau de Bouregreg, alors qu'il a légèrement diminué pour l'eau d'Oum Erbia.

Les mesures de la DCO et COT ont permis d'évaluer la teneur en matière organique. De même, les résultats ont montré que la DCO a diminué d'une manière importante (plus de 70% d'abattement de la DCO) après le traitement.

Afin de voir la qualité des eaux traitées après le stockage et pendant la livraison des eaux potables au consommateur, nous avons suivi les caractéristiques des eaux traitées pendant le stockage de l'eau dans le bassin de Tit Mellil à l'entrée à la sortie de réservoir et jusqu'au consommateur.

III.1.2. Eaux de réservoir

Le tableau ci-dessous présente la caractérisation des eaux traitées du réservoir de Tit Mellil et l'eau chez le consommateur.

Tableau 7 : Caractéristiques des eaux traitées du réservoir de Tit Mellil et l'eau chez le consommateur

Paramètres	Entrée de réservoir	Sortie de réservoir	Eau de robinet
pH	7.68	7.77	7.76
Conductivité (µs/cm)	530	609	900
Turbidité (NTU)	0.50	0.44	0.59
DCO (mg O_2 /L)	47.5	56.4	49.3
COT (mg L^{-1})	3.6	6.2	4.9
NT (mg L^{-1})	2.3	1.9	0.3
Cl résiduel (mg/L)	0.2	0.3	0.1
Ca (mg/L)	40.5	41.5	48.1
Mg (mg/L)	14.3	14.2	18.8
K (mg/L)	2.23	2.19	2.51
Na (mg/L)	31.2	31.0	71.9
P (mg/L)	0.067	0.005	<LD
Fe (mg/L)	0.028	0.025	0.077
Al (mg/L)	0.058	0.054	0.159
Pb (mg/L)	0.003	0.010	0.022
Cd (mg/L)	<LD	<LD	<LD
Cr (mg/L)	0.001	0.001	0.001
Cu (mg/L)	0.005	0.002	0.002
S (mg/L)	17.7	17.7	21.8
Zn (mg/L)	0.009	0.010	0.011
Si (mg/L)	3.98	3.95	2.31

Les résultats montrent que la qualité analytique de l'eau du réservoir reste quasi-stable à l'entrée, à la sortie de réservoir et aussi chez le consommateur (eau du robinet). Par contre, le chlore résiduel augmente à la sortie du réservoir de l'eau traitée et baisse lorsque l'eau arrive chez le consommateur. Cette augmentation du chlore résiduel est due à l'ajout du chlore afin d'assurer la désinfection de l'eau dans le réservoir et dans le réseau de distribution pour empêcher les incidents de reviviscence bactérienne. De même, les résultats ont montré que le COT augmente à la sortie du réservoir et diminue chez le consommateur.

III.2. Courbe de point de rupture (CPR)

Afin de déterminer la demande en chlore nécessaire pour une meilleure désinfection, des courbes de point de rupture ont été tracées pour les eaux brutes de Bouregreg et d'Oum Erbia.

III.2.1. Eau de Bouregreg

La figure ci-dessous représente les courbes de point de rupture de l'eau de Bouregreg en période d'été et d'hiver.

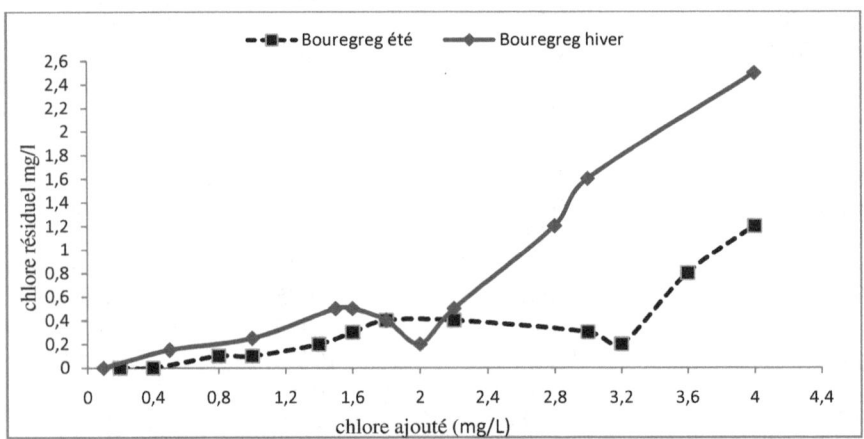

Figure 34: Courbe de point de rupture de l'eau de Bouregreg en période estivale et hivernale

La demande en chlore d'après les courbes est de 2 mg/L pour l'eau de Bouregreg en période d'hiver et 3,2 mg/L en période d'été, alors que la teneur en chlore résiduel au point de rupture est stable 0,2 mg/L pour les deux périodes.

CHEGGARI Karima Thèse de Doctorat National en Chimie de l'Eau et de l'Environnement

III.2.2. Eau d'Oum Erbia

La figure ci-dessous représente les courbes de point de rupture de l'eau d'Oum Erbia en période estivale et hivernale

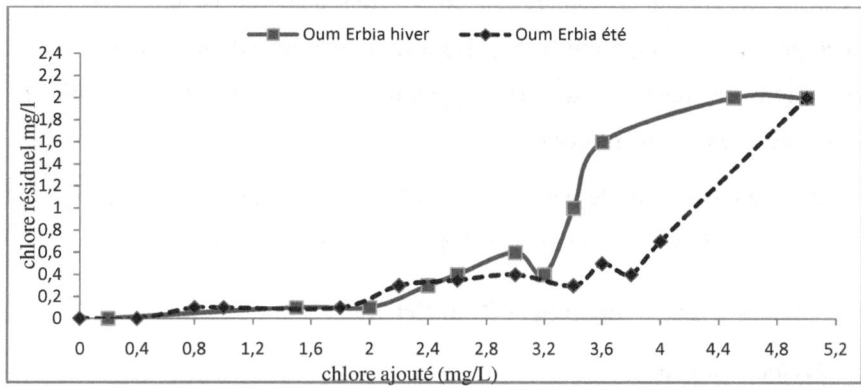

Figure 35: Courbe de point de rupture de l'eau de d'Oum Erbia en période estivale et hivernale

La demande en chlore d'après les courbes est de 3,2 mg/L pour l'eau d'Oum Erbia en période d'hiver et 3,8 mg/L en période d'été, pareil pour l'eau de Bouregreg le chlore résiduel est stable 0,4 mg/L pour les deux périodes.

L'accumulation du chlore résiduel pour l'eau d'Oum Erbia après le point de rupture ne se fait pas d'une façon proportionnelle avec le chlore ajouté (c'est-à-dire on n'a pas obtenu une droite), elle est due à la formation de trichloroamine (NCl_3) qui a une vitesse lente par rapport à la formation des autres chloramines (NH_2Cl, $NHCl_2$), et aussi à la présence des chloramines organiques.

Les résultats ont montré aussi que l'eau d'Oum Erbia a une demande en chlore plus élevée que celle de Bouregreg, ce qui s'explique par ses teneurs élevées en matière organique et en azote. De même, l'eau d'Oum Erbia a enregistré une teneur en chlore résiduel plus élevée par rapport à celle de Bouregreg.

CHEGGARI Karima Thèse de Doctorat National en Chimie de l'Eau et de l'Environnement

III.3. Détermination des précurseurs et des sous-produits de désinfection (THM et COX)

Après la détermination de la demande en chlore pour les eaux brutes des barrages de Bouregreg et d'Oum Erbia, nous avons appliqué la teneur en chlore déterminée pour chaque type d'eau en suivant le même procédé de traitement suivi dans les stations de traitement des deux types d'eau Bouregreg et Oum Erbia. Le procédé de traitement est bien décrit au premier chapitre (Figure 11).

Après l'application de la demande en chlore et le traitement de ces eaux, un suivi des sous-produits de désinfection (THM et COX) a été effectué.

III.3.1. Eaux de surface Bouregreg et Oum Erbia

III.3.1.1. Période estivale

Dans le but de savoir l'effet de la teneur en chlore appliquée sur la formation des SPD. Une demande en chlore inférieure à celle déterminée précédemment (Tableau 6) a été ajoutée à l'eau de Bouregreg.

Le tableau ci-dessous présente les différentes teneurs des précurseurs, des THM et des COX obtenus pour les eaux naturelles de Bouregreg traitée, Bouregreg préchlorée et Oum Erbia traitée:

94

Tableau 8 : Teneurs des précurseurs, des THM et des COX pour les eaux naturelles de Bouregreg, d'Oum Erbia et de Bouregreg préchlorée en période estivale.

Substances mesurées	unité	Eau de Bouregreg préchlorée	Eau de bouregreg traitée	Eau d'Oum Erbia traitée
Chloroforme	µg/L	**14**	**26**	**54**
Bromodichlorométhane	µg/L	**12**	**14**	**44**
Dibromochlorométhane	µg/L	**6.6**	**5,6**	**28**
Bromoforme	µg/L	**0.61**	**0.56**	**3.0**
Sommation des THM	µg/L	**33,3**	**46,2**	**129**
1,4-Dichlorobenzène	µg/L	**57**	**15**	**95**
Toluène	µg/L	**2.2**	**1.2**	**1.5**
Chlorure de vinyle	µg/L	<0.1	<0.2	<0.2
1,1-Dichloroéthène	µg/L	<0.5	<0.10	<0.10
Dichlorométhane	µg/L	<5.0	<0.9	<0.9
1,2-Dichloroéthène [trans]	µg/L	<0.5	<0.10	<0.10
1,1-Dichloroéthane	µg/L	<0.5	<0.10	<0.10
1,2-Dichloroéthène [cis]	µg/L	<0.5	<0.10	<0.10
1,2-Dichloroéthènes (cis+trans)	µg/L	<0.5	<0.1	<0.1
1,1,1-Trichloroéthane	µg/L	<0.5	<0.10	<0.10
Tétrachlorure de carbone	µg/L	<0.5	<0.10	<0.10
1,2-Dichloroéthane	µg/L	<0.5	<0.10	<0.10
Benzène	µg/L	<1.0	<0.50	<0.2
Trichloroéthène (TCE)	µg/L	<0.5	<0.10	<0.10
1,2-Dichloropropane	µg/L	<0.5	<0.10	<0.10
1,3-Dichloropropène [cis]	µg/L	<0.5	<0.10	<0.10
1,3-Dichloropropène [trans]	µg/L	<0.5	<0.10	<0.10
1,3-Dichloropropènes (cis+trans)	µg/L	<0.5	<0.1	<0.1
1,1,2-Trichloroéthane	µg/L	<0.5	<0.10	<0.10
1,3-Dichloropropane	µg/L	<0.5	<0.10	<0.10
Tétrachloroéthène	µg/L	<0.5	<0.10	<0.10
Chlorobenzène	µg/L	<0.5	<0.10	<0.10
Éthylbenzène	µg/L	<0.5	<0.10	<0.10
m- et p-Xylènes	µg/L	<1.0	<0.2	<0.2
o-Xylène	µg/L	<0.5	<0.10	<0.10
Xylènes (sommation o+m+p)	µg/L	<1	<0.2	<0.2
Styrène	µg/L	<0.5	<0.10	<0.10
1,1,2,2-Tétrachloroéthane	µg/L	<0.5	<0.10	<0.10
1,3,5-Triméthylbenzène	µg/L	<0.5	<0.10	<0.10

CHEGGARI Karima Thèse de Doctorat National en Chimie de l'Eau et de l'Environnement

1,2,4-Triméthylbenzène	µg/L	<0.5	<0.10	<0.10
1,3-Dichlorobenzène	µg/L	<1.0	<0.2	<0.2
1,2,3-Triméthylbenzène	µg/L	<0.5	<0.10	<0.10
1,2-Dichlorobenzène	µg/L	<0.5	<0.10	<0.10

D'après ces résultats, on constate que les eaux naturelles de Bouregreg et d'Oum Erbia contiennent des teneurs importantes en précurseurs stables, tels que le toluène. Ainsi, les teneurs les plus élevées de SPD retrouvées dans les eaux de surface ont été obtenues pour le chloroforme, le dibromochlorométhane, le bromoforme et le 1,4-dichlorobenzène.

L'eau d'Oum Erbia a généré des teneurs plus importantes en THM et COX, que celles de Bouregreg, ce qui montre l'effet de la concentration de la matière organique sur la formation de ces derniers.

On constate aussi que la teneur en chlore joue un rôle très important, c'est le cas de l'eau préchlorée de Bouregreg qui a fourni moins de THM et COX par rapport à l'eau chlorée.

Pour savoir l'effet de la saison et de la température de l'environnement sur la formation des SPD les plus souvent rencontrés dans les eaux naturelles et ceux qu'ont enregistrés les teneurs les plus élevées dans les eaux de Bouregreg et Oum Erbia en période d'hiver, un suivi de la teneur des THM a été effectué en période d'été.

III.3.1.2. Période hivernale

Les quatre principaux THM qui ont enregistrés des teneurs détectables et importantes dans les eaux naturelles de Bouregreg et d'Oum Erbia en période d'été sont le chloroforme, bromoforme, bromodichlorométhane, dibromochlorométhane pour cela, un suivi de ces derniers a été effectué pour les deux types d'eau en période d'hiver.

Le tableau ci-dessous présente les teneurs des quatre principaux THM détectés dans les eaux de Bouregreg et d'Oum Erbia à l'état brut et traitées.

Tableau 9: Teneurs en chloroforme, bromoforme, bromodichlorométhane, dibromochlorométhane et la sommation de THM en (µg/L) dans l'eau de Bouregreg et Oum Erbia en période hivernale

Substances mesurées	unité	Eau de Bouregreg		Eau d'Oum Erbia	
		Eau brute	Eau traitée	Eau brute	Eau traitée
Chloroforme	µg/L	0.19	20	0.27	8.5
Bromodichlorométhane	µg/L	0.10	20	<0.10	9.8
Dibromochlorométhane	µg/L	<0.10	16	<0.10	7.0
Bromoforme	µg/L	<0.10	2.5	<0.10	0.81
Sommation des THM	µg/L	0.29	59	0.27	26

D'après les résultats, on constate que l'eau traitée d'Oum Erbia contient des faibles concentrations en THM, et les valeurs les plus élevées parmi ces derniers sont enregistrées pour le bromodichlorométhane et le chloroforme. Ces faibles concentrations en THM sont dues au fait que le prélèvement de l'échantillon d'Oum Erbia a été fait pendant l'hiver.

Baribeau (1995) a déjà montré que pendant l'hiver les eaux de surface contiennent moins de THM par rapport à la période estivale. La concentration en THM dans l'eau de surface en été est supérieure à celle en hiver. Ceci est dû à la hausse de la température et de la teneur en matière organique présente dans l'eau pendant cette période.

Les concentrations de THM détectées pour les mêmes eaux pendant la période d'été sont plus élevées par rapport à celles détectées durant la période d'hiver. La valeur du chloroforme été de 26 µg/L en période estivale (Tableau 8) au lieu de 8,5 µg/L presque le triple en hiver, de même pour le bromodichlorométhane et la sommation des THM, ils sont passés respectivement de 14 µg/L et 26 µg/L pendant l'eté à 98 µg/L et 46 µg/L en hiver dans la présente étude.

Les résultats pour les deux périodes indiquent que l'eau de Bouregreg contient des teneurs importantes en THM, ce qui prouve que la chloration à un effet sur l'enrichissement de l'eau par ces derniers. Malgré que l'eau de Bouregreg est légèrement moins chargée en matière organique (COT) par rapport à l'eau de d'Oum Erbia, Bouregreg a enregistré des valeurs plus élevées en THM. Ceci peut être du à la nature des précurseurs présents dans l'eau. Les résultats montrés au tableau 8 ; montrent que l'eau de Bouregreg contient des teneurs importantes en benzène, toluène et autres précurseurs de THM ayant comme source de la pollution les activités industrielles qui versent leurs rejets en amont du barrage.

Au cours de la présente étude, un suivi des eaux traitées du réservoir jusqu'au consommateur s'est imposé, puisque l'ajout de chlore constitue la seule opération de correction des eaux qui s'effectue au Maroc. Un suivi de THM de ces eaux s'est avéré nécessaire pour voir l'effet de l'injection successive du chlore le long du réseau de distribution d'eau potable.

III.3.2. Eaux de réservoir de Tit Mellil

Le tableau ci-dessous représente les teneurs en chloroforme, bromoforme, bromodichlorométhane, dibromochlorométhane et la sommation de THM en (μg/L) dans l'eau de réservoir et chez le consommateur.

Tableau 10: Teneurs en chloroforme, bromoforme, bromodichlorométhane, dibromochlorométhane et la sommation de THM en (μg/L) dans l'eau de réservoir et chez le consommateur

Paramètres	unité	Entrée de réservoir	Sortie de réservoir	Eau de robinet
Chloroforme	μg/L	27	29	33
Bromodichlorométhane	μg/L	24	31	29
Dibromochlorométhane	μg/L	18	25	21
Bromoforme	μg/L	2.6	4.1	2.6
Sommation des THM	μg/L	71	89	85

Les résultats montrent que le chloroforme, le bromodichlorométhane et le dibromochlorométhane sont détectés avec des teneurs importantes à l'entrée du réservoir, à la sortie du réservoir et dans l'eau de robinet. Le bromoforme est présent à des valeurs inférieures aux autres THM. Le chloroforme constitue le THM ayant les teneurs les plus élevées et ce, pour les trois types d'eau. Comme la fait remarquer Doré (1989), le chloroforme est souvent l'élément le plus dominant parmi les quatre principaux THM (Doré, 1989).

Les teneurs les plus élevées en chloroforme et en THM totaux ont été mesurées dans l'eau du robinet. La teneur en chloroforme est passée de 27 µg/L à l'entrée du réservoir à 29 µg/L à la sortie, ce qui est justifié par l'augmentation du chlore résiduel qui passe respectivement de 0.2 à 0.3 mg/L de l'entrée à la sortie du réservoir (Tableau7). La teneur en chloroforme dans l'eau du robinet a augmenté à 33 µg/L. Cette augmentation est due à la réaction du chlore résiduel, justifiant sa diminution de 0.3 mg L^{-1} à la sortie du réservoir pour atteindre 0.1 mg/L dans l'eau du robinet (Tableau7). Les teneurs les plus élevées des trois autres THMs ont été obtenues à la sortie du réservoir. Ceci s'explique par une dernière chloration qui s'effectue à la sortie du réservoir afin d'assurer la présence du chlore résiduel le long du réseau de la distribution.

Plusieurs auteurs ont déjà montré que la teneur en chloroforme augmente en présence du chlore résiduel et en fonction du temps de séjour (Rodriguez et Serodes, 2001; Rossman *et al* 2001).

Les teneurs en chloroforme déterminées dans les eaux du réservoir et l'eau du robinet restent inférieures à la norme marocaine NM 03.7.001 et qui est de 200 µg/L. Par contre, la concentration mesurée dans l'eau du robinet dépasse légèrement la norme recommandée par l'Organisation Mondiale de la Santé (OMS) et qui est de 30 µg/L (Doré, 1989;Organisation mondiale de la Santé, (2000)).

De même, la somme des concentrations des quatre THMs est élevée pour toutes les eaux avec la teneur la plus élevée dans l'eau à la sortie du réservoir (89 µg/L), qui est légèrement supérieure à celle mesurée dans l'eau du robinet (85 µg/L). Ces valeurs dépassent la norme de l'OMS de 80 µg/L mais restent toujours légèrement inférieures à la norme Marocaine (100 µg/L).

Conclusion

Dans ce chapitre, nous avons travaillé sur des eaux naturelles servant à l'alimentation de la ville de Casablanca au Maroc et nous avons suivi les caractéristiques de ces eaux de la station du traitement jusqu'au réservoir du stockage à l'entrée et à la sortie et même chez le consommateur.

Lors de cette étude, nous avons pu faire un suivi et un diagnostic des différents THM et COX, formés lors de la désinfection des eaux de surface alimentant la ville de Casablanca. Le suivi effectué a montré la formation d'une quantité importante de ces sous-produits de désinfection (THM et COX). Comme au Maroc la production d'eau potable commence par une chloration ou préchloration, nous avons démontré dans le présent travail que cette chloration constitue un énorme danger touchant en premier lieu la qualité sanitaire de l'eau qui ne peut se résoudre principalement par une intervention au niveau des différents procédés de traitement et en particulier la préchloration.

Sachant aussi que les eaux naturelles de Bouregreg et d'Oum Erbia sont cibles de plusieurs sources de pollution, généralement déversées à l'état brut, d'où l'enrichissement de ces eaux par plusieurs précurseurs facilement et difficilement oxydables par le chlore. Ce dernier entant que désinfectant, réagit avec ces précurseurs tout en formant des sous-produits dangereux qui dépendent étroitement de la nature de la pollution.

Sachant aussi que l'injection du chlore se fait en plusieurs étapes, à la station de traitement, à l'entrée et à la sortie du réservoir de stockage, il s'est avéré intéressant de suivre la formation des sous-produits de désinfection (THM et COX) pendant ces différentes étapes.

Les résultats confirment que l'injection du chlore dans les réservoirs de stockage et dans le réseau de distribution d'eau potable, génèrent la formation de quantité importante de THMs. De plus, le temps de séjour joue aussi un rôle très important dans la stabilisation et l'augmentation des teneurs de ces THMs et, en particulier, pour le chloroforme, le bromodichlorométhane, et le dibromochlorométhane qui sont des substances très toxiques.

A fin de voir l'effet de la nature de la pollution (naturelle ou anthropique) sur la nature et la teneur des SPD formés, il s'est avéré nécessaire de déterminer l'effet de la chloration des eaux contaminées par une matière organique naturelle présente fréquemment dans les eaux de surface qui 'est l'acide humique.

CHAPITRE IV

CHLORATION DES EAUX CONTAMINÉES PAR LA MATIÈRE ORGANIQUE NATURELLE : L'ACIDE HUMIQUE

CHAPITRE IV : CHLORATION DES EAUX CONTAMINÉES PAR LA MATIÈRE ORGANIQUE NATURELLE : L'ACIDE HUMIQUE

Introduction

Dans le chapitre précédent, les résultats ont montré que la chloration des eaux naturelles génère la formation d'une quantité importante de THM et COX.

Ce chapitre a pour but de voir l'effet de la pollution naturelle sur la formation des SPD après la chloration pendant le traitement des eaux. Dans cette partie, la présente étude consiste principalement à suivre la formation des THM et COX dans des eaux synthétiques ou le seule précurseur est l'acide humique et aussi dans des eaux naturelles qui contiennent des précurseurs naturels et aussi contaminées par l'acide humique.

Les eaux étudiées dans ce chapitre sont des eaux synthétiques préparées dans l'eau déminéralisée, et une eau de surface naturelles similaire aux eaux de surface (Bouregreg et Oum Erbia) à l'état brute et après sa contamination par 20 mg/l d'acide humique.

Dans un premier temps, nous avons suivi la formation de THM et COX dans une eau naturelle après un traitement basé sur la préchloration et la coagulation-floculation suivi par une poste-chloration, c'est-à-dire le procédé appliqué par les producteurs d'eau potable pour la ville de Casablanca cité précédemment.

Dans un deuxième temps, nous avons suivi la formation des THM et COX après le même traitement cité précédemment pour la même eau naturelle contaminée par l'acide humique et pour des eaux synthétiques qui sont elles aussi contaminées par l'acide humique..

Les eaux synthétiques ont été préparées au laboratoire dans le but de s'approcher des caractéristiques des eaux naturelles, mais avec un seul précurseur (P) qui est l'acide humique. Par contre, les eaux naturelles peuvent contenir différents précurseurs naturels et anthropiques due aux différentes sources de pollution.

IV.1. Caractéristiques des eaux

IV.1.1. Eaux synthétiques

Des eaux synthétiques (a) et (b) ayant un pH et des teneurs en DCO et en matière minérale comparables aux eaux naturelles issues des barrages des oueds Bouregreg et Oum Erbia ont été respectivement préparées à partir de produits de grade analytique. Pour ce faire, différents sels inorganiques, tels que $CaCl_2\_2H_2O$, $FeSO_4\_7H_2O$, $MgSO_4\_7H_2O$, et $Al_2(SO_4)$, KCl, ont été utilisés afin d'enrichir ces eaux en Ca, Fe, Mg, Al, Cl, etc. (Tableau 2 et Tableau 3). Des concentrations d'acide humique (H16752-100G, CAS 68131-04-4, Aldrich, Munich, Allemagne) de 52 et 30 mg/L ont été respectivement ajoutées aux eaux (a) et (b) comme source de matière organique. Ces eaux ont été conservées à 4°C dans des bouteilles en HDPE (polyéthylène haute densité) de 1 L de capacité.

De même, ces eaux synthétiques ont été caractérisées. Le tableau ci-dessous présente les différents paramètres déterminés pour les deux types d'eaux synthétiques (a) et (b).

Tableau 11: Caractéristiques de chaque type d'eau synthétique

Paramètres	Eau (a)	Eau (b)
pH	7,58	7,4
Conductivité (µs/cm)	905	460
Turbidité (NTU)	460	298
DCO (mg/L)	76,4	136,1
Demande en chlore (g/L)	2	2,1
Ca (mg/L)	70,9	70,9
Mg (mg/L)	40,39	40,39
Na (mg/L)	690,9	690,9
Fe (mg/L)	3,05	3,05
Al (mg/L)	1,87	1,87
Cd (mg/L)	0,06	0,06
Mn (mg/L)	0,65	0,65
Zn (mg/L)	0,38	0,38
Cr (mg/L)	1,65	1,65
Cu (mg/L)	0,25	0,25
Ni (mg/L)	2,23	2,23

S (mg/L)	178,4	178,4
Si (mg/L)	1,13	1,13

D'après le tableau ci-dessus, on constate que les eaux synthétiques sont riches en matière minérale. Les résultats obtenus ont montré que les eaux synthétiques (a) et (b) que nous avons préparées au laboratoire sont proches des eaux naturelles Bouregreg et Oum Erbia analysées précédemment (Tableau 5), ce qui est notre objectif.

Afin de bien évaluer l'effet de la présence de l'acide humique dans les eaux naturelles chlorées et son effet sur la formation des SPD, nous avons procédé à la contamination des eaux naturelles qui contiennent déjà l'acide humique en présence de divers précurseurs organiques.

IV.1.2. Eaux naturelles de Beauport

L'eau naturelle étudiée dans ce chapitre est une eau de surface naturelle de la rivière Beauport à proximité de la ville de Québec au Canada. Cette eau a été analysée, puis traitée au laboratoire (INRS-ETE Québec) suivant le procédé appliqué aux stations de traitement des eaux potables au Maroc, après ou sans contamination préalable par l'acide humique. Au Maroc, le procédé de traitement des eaux naturelles appliqué est de type conventionnel, comprenant un prétraitement physicochimique par coagulation-floculation-décantation, suivi d'une filtration sur sable et de la désinfection par le chlore avant le stockage et la distribution de l'eau. Une pré-oxydation par le chlore (avant l'étape de coagulation-floculation) est souvent requise considérant les caractéristiques initiales de l'eau brute.

Le Tableau ci-dessous présente la caractérisation des eaux brutes, préchlorées et traitées par le même procédé appliqué au Maroc sans et après contamination par 20 mg/L d'acide humique.

Tableau 12: Caractéristiques des eaux brutes, préchlorée et traitées sans et après contamination par l'acide humique.

paramètres	Eau naturelle de Beauport			Eau naturelle de Beauport contaminée par 20mg/L d'acide humique		
	Eau brute	Eau préchlorée	Eau traitée	Eau brute	Eau préchlorée	Eau traitée
pH	7,97	7,95	7,45	7,52	7,4	7,5
Conductivité (µs/cm)	547	529	1688	468	475	951
Turbidité (NTU)	4,19	7,73	1,95	9,15	15,6	1,06
DCO (mgO$_2$/L)	56,2	35,1	23,6	171	84	47,3
COT (mg/L)	6,8	7,2	5,9	12,5	14,7	6,0
NT (mg/L)	1,9	1,1	1,53	1,75	1,92	1,63
Cl ajouté (mg/L)	0	1,8	2,2	0	3,8	4,2
Cl résiduel (mg/L)	0	0,8	1,2	0	0,7	0,6
sulfate d'Al ajouté (g/L)	0	0	1	0	0	1,3
Ca (mg/L)	34,54	41,32	46,81	48,62	47,4	50,09
Mg (mg/L)	5,458	4,163	4,638	5,555	5,41	5,501
K (mg/L)	1,513	2,104	3,28	2,823	2,977	3,562
Na (mg/L)	13,83	20,34	226	26,59	29,25	62,16
P (mg/L)	0.0829	0.0293	0,1645	0,074	0,122	0,109
Fe (mg/L)	0,1017	0,281	0,0478	0,3669	0,3562	0,3287
Al (mg/L)	0,136	0,2689	1,782	2,065	1,903	5,271
Pb (mg/L)	0.0116	0,024962	0,05298	0,1577	<LD	0,1056
Cd (mg/L)	<LD	<LD	<LD	0,018	0,035	0,029
Cr (mg/L)	0,0169	0,0185	0,0169	0,045	0,034	0,035
Cu (mg/L)	0,0064	0,0056	0,0122	0,195	0,139	0,133
S (mg/L)	62,42	43,17	13,78	12,07	10,96	15,38
Zn (mg/L)	0,041	0,025	0,036	0,134	0,085	0,132
Si (mg/L)	2,1657	2,522	0,5336	3,951	3,864	3,764

D'après les résultats présentés dans le tableau ci-dessus, on constate que l'eau brute de la rivière Beauport est riche en matière minérale. Après la contamination de l'eau brute de la rivière par 20 mg/L nous avons constaté une augmentation importante en termes de DCO et du COT.

De même, Les résultats présentés au Tableau ci-dessus indiquent que les eaux brutes de Bouregreg et d'Oum Erbia (Tableau 5) et l'eau brute de la rivière Beauport

CHEGGARI Karima Thèse de Doctorat National en Chimie de l'Eau et de l'Environnement

contaminée par 20 mg/L d'acide humique ont des caractéristiques comparables. Cette dernière a donc été utilisée comme eau de référence pour le reste de l'étude.

De même, les résultats montrent que la demande en chlore pour les eaux naturelles augmente avec l'augmentation de la DCO et du COT.

Afin de déterminer la demande en chlore des eaux synthétiques et de l'eau de Beauport avec et sans contamination, nous avons tracé la courbe de point de rupture pour ces dernières.

VI.2. Courbe de point de rupture (CPR)

VI.2.1. Eaux synthétiques

La figure ci-dessous représente les courbes de point de rupture pour les deux types d'eaux synthétiques (a) et (b)

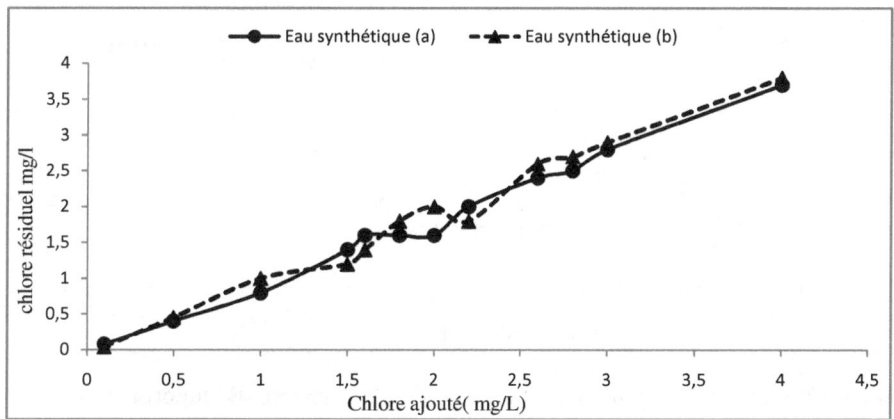

Figure 36: Courbes de point de rupture des eaux synthétique (a) et (b).

La demande en chlore d'après les courbes est de 2 mg/L pour l'eau (a) et 2,2 mg/L pour l'eau (b). On constate que la demande en chlore est quasi-stable, malgré que l'eau (b) est plus chargée en matière organique que l'eau (a).

Ceci peut être expliqué par la nature simple du précurseur qui est l'acide humique utilisé pour la préparation de ces eaux synthétiques.

CHEGGARI Karima Thèse de Doctorat National en Chimie de l'Eau et de l'Environnement

Par contre, lorsque la concentration du précurseur augmente, la formation des SPD augmente aussi, ce qui est montré clairement par l'augmentation du chlore résiduel au point de rupture.

Afin de savoir l'effet de la contamination par l'acide humique seul et en présence de la matière organique présente naturellement dans les eaux de surfaces, nous avons tracé la courbe de point de rupture de l'eau de surface de Beauport prise comme référence sans et avec contamination par 20 mg/L d'acide humique.

VI.2.2. Eaux naturelles de Beauport

La figure ci-dessous représente les courbes de point de rupture pour l'eau brute de Beauport sans et après contamination par 20 mg/L d'acide humique.

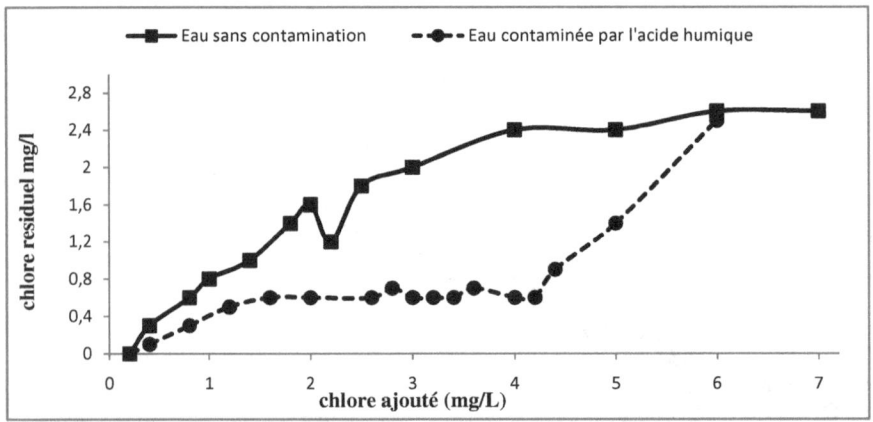

Figure 37: Courbes de point de rupture de l'eau de la rivière Beauport naturelle et contaminée par l'acide humique

La demande en chlore pour l'eau de Beauport naturelle est 2,2 mg/L, et celle de Beauport contaminée par 20 mg/L de l'acide humique est de 4,2 mg/L. C'est presque le double après la contamination ce qui montre que l'existence de l'acide humique consomme le chlore et, par la suite, entraîne à la formation de THM que nous allons déterminer ci-dessous.

CHEGGARI Karima Thèse de Doctorat National en Chimie de l'Eau et de l'Environnement

VI.3. Détermination des précurseurs et des sous-produits de désinfection (THM et COX)

VI.3.1. Eaux synthétiques

Le tableau ci-dessous présente les différentes teneurs des précurseurs, des THM et des COX pour les eaux synthétiques (a) et (b) :

Tableau 13 : Teneurs des précurseurs, des THM et des COX des eaux synthétiques (a) et (b)

Substances mesurées	Unité	Eau (a)	Eau (b)
Chloroforme	µg/L	**2.8**	**30**
Bromodichlorométhane	µg/L	**0.14**	**0.27**
Dibromochlorométhane	µg/L	<0.10	<0.10
Bromoforme	µg/L	<0.10	<0.10
Sommation de THM	**µg/L**	**2,94**	**30,27**
Dichlorométhane	µg/L	**2,2**	**2,2**
1,2-Dichlorobenzène	µg/L	<0.10	<0.10
Chlorure de vinyle	µg/L	<0.2	<0.2
1,1-Dichloroéthène	µg/L	<0.10	<0.10
1,2-Dichloroéthène [trans]	µg/L	<0.10	<0.10
1,1-Dichloroéthane	µg/L	<0.10	<0.10
1,2-Dichloroéthène [cis]	µg/L	<0.10	<0.10
1,2-Dichloroéthènes (cis+trans)	µg/L	<0.1	<0.1
1,1,1-Trichloroéthane	µg/L	<0.10	<0.10
Tétrachlorure de carbone	µg/L	<0.10	<0.10
1,2-Dichloroéthane	µg/L	<0.10	<0.10
Benzène	µg/L	<0.2	<0.2
Trichloroéthène (TCE)	µg/L	<0.10	<0.10
1,2-Dichloropropane	µg/L	<0.10	<0.10
1,3-Dichloropropène [cis]	µg/L	<0.10	<0.10
Toluène	µg/L	<0.10	<0.10
1,3-Dichloropropène [trans]	µg/L	<0.10	<0.10
1,3-Dichloropropènes (cis+trans)	µg/L	<0.1	<0.1
1,1,2-Trichloroéthane	µg/L	<0.10	<0.10
1,3-Dichloropropane	µg/L	<0.10	<0.10
Tétrachloroéthène	µg/L	<0.10	<0.10
Chlorobenzène	µg/L	<0.10	<0.10
Éthylbenzène	µg/L	<0.10	<0.10
m- et p-Xylènes	µg/L	<0.2	<0.2
o-Xylène	µg/L	<0.10	<0.10

CHEGGARI Karima Thèse de Doctorat National en Chimie de l'Eau et de l'Environnement

Xylènes (sommation o+m+p)	µg/L	<0.2	<0.2
Styrène	µg/L	<0.10	<0.10
1,1,2,2-Tétrachloroéthane	µg/L	<0.10	<0.10
1,3,5-Triméthylbenzène	µg/L	<0.10	<0.10
1,2,4-Triméthylbenzène	µg/L	<0.10	<0.10
1,3-Dichlorobenzène	µg/L	<0.2	<0.2
1,2,3-Triméthylbenzène	µg/L	<0.10	<0.10
1,4-Dichlorobenzène	µg/L	<0.10	<0.10

Les résultats ci-dessus montrent que les deux types d'eaux synthétiques (a) et (b), contiennent des teneurs importantes en THM tels que le dichlorométhane, le chloroforme et le bromodichlorométhane, et ne contiennent pas des teneurs importantes en COX, comme le cas des eaux naturelles (Tableau 8).

Ceci est dû à la nature simple du précurseur (acide humique) qui contient des fonctions organiques facilement oxydables par le chlore.

Puisque l'eau synthétique de type (b) est plus chargée en matière organique (précurseur), elle a généré dix fois la concentration en chloroforme de l'eau synthétique (a).

D'après ces résultats, on constate que l'absence des précurseurs complexes, surtout la pollution anthropique diminue la formation des THM et COX. D'où la nécessité de rectifier les normes de qualité et d'intégrer des paramètres représentant ces SPD. Aussi à déterminer, ce qui est extrêmement important, des sources de pollution locales liées à chaque activité avec les produits utilisés, leurs caractéristiques et leurs doses.

À titre d'exemple, le suivi d'insecticides et pesticides ne peut pas se faire en prenant les normes utilisées par d'autres pays, mais en partant en amont par un recensement des pesticides utilisés dans chaque bassin, et ceci par contact direct avec les sources de pollution.

La présence du chlore dans l'eau naturelle conduit généralement à la formation de sous-produits de chloration, la majeure partie de ces derniers étant les THMs (Laferrière *et al.*, 1999).

Dans la présente étude, les principaux THMs déterminés sont le chloroforme ($CHCl_3$), le bromoforme ($CHBr_3$), le dibromochlorométhane ($CHBr_2Cl$) et le bromodichlorométhane ($CHBrCl_2$).

VI.3.2- les eaux naturelles de Beauport

Le tableau ci-dessous présente les teneurs en chloroforme, bromoforme, bromodichlorométhane, dibromochlorométhane et la sommation de THM en µg L^{-1} identifiées dans les eaux brutes et traitées

Tableau 14: Teneurs en chloroforme, bromoforme, bromodichlorométhane, dibromochlorométhane et la sommation de THM en (µg/L) dans les eaux brutes et traitées

Paramètres	unité	Eau naturelle		Eau naturelle + 20 mg L^{-1} d'acide humique	
		Eau brute	Eau traitée	Eau brute	Eau traitée
Chloroforme	µg/L	0.22	12	0.22	20
Bromodichlorométhane	µg/L	<0.10	2.5	<0.10	4.1
Dibromochlorométhane	µg/L	<0.10	0.43	<0.10	0.62
Bromoforme	µg/L	<0.10	<0.10	<0.10	<0.10
Sommation de THM	µg/L	0.22	14	0.22	25

Les résultats indiquent que les THM en présence d'acide humique sont plus élevés. Ce fait met en évidence l'effet de la chloration sur la formation de THM en présence de la matière organique (acide humique) (Doré, 1989).

D'après tous ces résultats, nous constatons que la chloration directe des eaux, naturelles polluées par l'acide humique constitue un danger par la formation des fortes teneurs en THM et COX et, surtout si les eaux sont chargées en matière organique (la part du COT dans la DCO est élevée).

Nous avons constaté de même que la nature et la teneur de la matière organique ont un effet très négatif sur la désinfection de ces eaux par le chlore.

D'autre part, les résultats obtenus pour les eaux synthétiques ont montré que la présence de l'acide humique comme source de matière organique génère plus de

THM (le chloroforme) et de faible teneurs en COX ce qui s'explique par la nature de l'acide humique qui est facilement oxydable par le chlore .

Conclusion

Le chlore, dans sa réaction avec la matière organique facilement oxydable (acide humique), donne naissance aux THM représentés par le chloroforme.

D'autre part, si la matière organique est difficilement oxydable par le chlore (cas des eaux naturelles), la chloration génère plus des COX.

On peut déduire que la chloration des eaux riches en matière organique (DCO et COT élevé) facilement oxydable ou difficilement oxydable par le chlore, telles que les eaux naturelles polluées, constitue un danger pour la production de l'eau potable et surtout si les procédés de traitement d'eau potable commencent par sa chloration.

Afin de mieux évaluer l'effet de la présence de la matière organique (précurseurs) sur le traitement des eaux brutes, nous avons jugé nécessaire de procédé à la contamination de l'eau brute de la rivière Beauport par différents précurseurs de THMs susceptibles d'être présents dans les eaux de surface. Pour cela, nous allons contaminer l'eau brute de la rivière Beauport par différents précurseurs.

CHAPITRE V

CHLORATION DES COMPOSÉS ORGANIQUES : DEMANDE EN CHLORE ET SOUS-PRODUITS DE DÉSINFECTION

CHEGGARI Karima Thèse de Doctorat National en Chimie de l'Eau et de l'Environnement

CHAPITRE V : CHLORATION DES COMPOSÉS ORGANIQUES MODÈLES : DEMANDE EN CHLORE ET SOUS-PRODUITS DE DÉSINFECTION

Introduction

Les composés hydroxybenzéniques sont de très bons précurseurs de la formation de sous-produits halogénés, et notamment de chloroforme, lors des procédés de désinfection par le chlore (Norwood *et al*, 1980 ; Reckhow et Singer, 1985). Ces composés représentent une fraction très réactive de la matière organique (précurseurs) vis-à-vis du chlore. Depuis les années 1980, de nombreuses études ont permis de proposer un mécanisme très complet de la réactivité de ces composés simples avec le chlore, ainsi que certaines constantes cinétiques des étapes les plus importantes. Cependant, compte tenu de la forte réactivité de l'acide hypochloreux vis-à-vis des composés hydroxybénzéniques (Rebenne *et al*, 1996 ; Gallard et von Gunten, 2002), la contribution du chlore libre, libéré par hydrolyse de la monochloramine, peut conduire à une dégradation importante des précurseurs, notamment pour les rapports N/Cl proches de 1.

Le but de cette étude est de suivre la formation des sous-produits de désinfection (THM et COX) en fonction de la nature de précurseurs, en contaminant des eaux de surfaces par des précurseurs hydroxybénzéniques difficilement oxydable, par le chlore (phénol), moyennement oxydable par le chlore (acétone) et facilement oxydable par le chlore (résorcinol).

Dans ce chapitre, l'étude est portée sur le suivi de l'effet de la préchloration et la coagulation avant chloration sur la formation des THM et COX dans des eaux de surface contaminées par plusieurs précurseurs : le phénol, l'acétone, le résorcinol et par le mélange de tous ces précurseurs en présence de l'acide humique.

Les mêmes étapes de traitement des eaux potables citées dans les chapitres précédents ont été appliquées à ces eaux contaminées. Ces contaminations ont été choisies de telle sorte à représenter et s'approcher de la qualité des eaux de surface naturelles.

CHEGGARI Karima Thèse de Doctorat National en Chimie de l'Eau et de l'Environnement

V.1. Caractéristiques des eaux contaminées

Afin de voir l'effet de la présence de la matière organique sur le traitement des eaux brutes, nous avons procédé à la contamination de l'eau brute de la rivière de Beauport (Eau brute analysée dans le chapitre IV) par différents précurseurs susceptibles d'être présents dans les eaux de surface. Nous avons contaminé l'eau brute par 500 µg/L de phénol, 500 µg/L de résorcinol, et 500 µg/L d'acétone.

Ces eaux ont été traitées par le même procédé de traitement appliqué à la station de production d'eau potable alimentant la ville de Casablanca au Maroc (Figure 11).

V.1.1. Eau contaminée par le phénol

Le tableau ci-dessous présente les caractéristiques physico-chimiques de l'eau de surface de la rivière Beauport contaminée par 500 µg/L de phénol pendant les différentes étapes de traitement des eaux de surface naturelles citées précédemment.

Tableau 15: Caractéristiques des eaux contaminées par 500 µg/L de phénol

Paramètres	Eau contaminée par 500 µg/l de phénol		
	Eau brute	Eau préchlorée	Eau traitée
pH	7,74	7,78	7,65
Conductivité (µs/cm)	534	498	1287
Turbidité (NTU)	4,56	6,24	1,6
DCO (mgO$_2$/L)	64,2	39,8	24,9
COT (mg L^{-1})	9,1	10,7	5,3
NT (mg/L)	1,3	1,52	1,35
Cl ajouté (mg L^{-1})	0	2,6	3
Cl résiduel (mg L^{-1})	0	0,9	1,2
sulfate d'Al ajouté (g/L)	0	0	0,8
Ca (mg/L)	46,59	44,37	43,68
Mg (mg/L)	4,762	4,536	4,11
K (mg/L)	2,28	2,28	3,049
Na (mg/L)	21,12	21,16	114,3
P (mg/L)	0,044	0,009	0.079
Fe (mg/L)	0,256	0,704	0,017
Al (mg/L)	0,220	0,274	0,356

Pb (mg/L)	0.006	0,043	0.015
Cd (mg/L)	<LD	<LD	<LD
Cr (mg/L)	0,019	0,0048	0,0183
Cu (mg/L)	0,006	0,013	0,003
S (mg/L)	32,15	39,44	9,824
Zn (mg/L)	0,019	0,026	0,021
Si (mg/L)	2,648	2,639	0,302

- Eau traitée= eau préchlorée coagulée et post-chloré
- Nota : LD : Limite de Détection ;   LD de Cd : 0,00001   ;   LD de p : 0,0001
  LD de Pb : 0,00001

V.1.2. Eau contaminée par le résorcinol

Le tableau ci-dessous présente les caractéristiques physico-chimiques de l'eau de surface de la rivière Beauport contaminée par 500 µg/L de résorcinol pendant les différentes étapes de traitement des eaux de surface naturelles citées précédemment.

Tableau 16: Caractéristiques des eaux contaminées par 500 µg/L de résorcinol

paramètres	Eau contaminée par 500 µg/l de résorcinol		
	Eau brute	Eau préchlorée	Eau traitée
pH	7,42	7,46	7,51
Conductivité (µs/cm)	513	459	1225
Turbidité (NTU)	4,18	7,98	1,45
DCO (mgO$_2$/L)	80,4	56	19,6
COT (mg/L)	7,40	7,3	7,5
NT (mg/L)	1.09	1.09	2.37
Cl ajouté (mg/L)	0	3	3,6
Cl résiduel (mg/L)	0	0,3	0,1
sulfate d'Al ajouté (g/L)	0	0	0,8
Ca (mg/L)	49,02	48,19	46,83
Mg (mg/L)	5,033	4,94	4,789
K (mg/L)	2,409	2,639	4,645
Na (mg/L)	24,1	26,23	183,2
P (mg/L)	0,033	0,054	0,037
Fe (mg/L)	0,411	0,441	0,379
Al (mg/L)	0,133	0,175	2,744

CHEGGARI Karima Thèse de Doctorat National en Chimie de l'Eau et de l'Environnement

Pb (mg/L)	<LD	0,022	0,036
Cd (mg/L)	<LD	<LD	<LD
Cr (mg/L)	0,044	0,039	0,041
Cu (mg/L)	0,016	0,01	0,017
S (mg/L)	9,409	9,409	13,53
Zn (mg/L)	0,031	0,024	0,078
Si (mg/L)	2,889	2,819	1,374

- Eau traitée= eau préchlorée coagulée et poste-chloré
- Nota : LD : Limite de Détection ;   LD de Cd : 0,00001   ;   LD de p : 0,0001 LD de Pb : 0,00001

V.1.3. Eau Contaminée par l'acétone

Le tableau ci-dessous présente les caractéristiques physico-chimiques de l'eau de surface de la rivière Beauport contaminée par 500 µg/L d'acétone pendant les différentes étapes de traitement des eaux de surface naturelles citées précédemment.

Tableau 17: Caractéristiques des eaux contaminées par 500µg/L de l'acétone

paramètres	Eau contaminée par 500 µg/l d'acétone		
	Eau brute	Eau préchlorée	Eau traitée
pH	7,46	7,44	7,44
Conductivité (µs/cm)	519	468	1412
Turbidité (NTU)	4,47	7,85	1,26
DCO (mgO$_2$/L)	154,7	87,6	28,1
COT (mg/L)	7,2	6,9	7,0
NT (mg/L)	1,66	1,14	1,21
Cl ajouté (mg/L)	0	3,4	4
Cl résiduel (mg/L)	0	0,7	1
sulfate d'Al ajouté (g/L)	0	0	1
Ca (mg/L)	50,76	47,98	45,78
Mg (mg/L)	5,179	4,915	4,665
K (mg/L)	3,691	2,617	3,829
Na (mg/L)	26,1	26,39	217,5
P (mg/L)	0,042	0,05	0,046

CHEGGARI Karima Thèse de Doctorat National en Chimie de l'Eau et de l'Environnement

Fe (mg/L)	0,405	0,459	0,48
Al (mg/L)	0,134	0,139	0,473
Pb (mg/L)	<LD	<LD	<LD
Cd (mg/L)	<LD	<LD	<LD
Cr (mg/L)	0,043	0,044	0,052
Cu (mg/L)	0,017	0,016	0,018
S (mg/L)	37,25	9,28	17,4
Zn (mg/L)	0,039	0,019	0,04
Si (mg/L)	2,872	2,753	0,308

- Eau traitée= Eau préchlorée coagulée et poste-chloré
- Nota : LD : Limite de Détection ;   LD de Cd : 0,00001   ;   LD de p : 0,0001
  LD de Pb : 0,00001

V.1.4. Eau contaminée par le mélange de précurseurs

Le tableau ci-dessous présente les caractéristiques physico-chimiques de l'eau contaminée par le mélange de 500 µg/L de phénol, 500 µg/l de résorcinol, 500 µg/L de l'acétone et 20 mg/L de l'acide humique selon les deux manières de traitement des eaux de surface naturelles citées précédemment.

Tableau 18: Caractéristiques des eaux contaminées par le mélange des précurseurs

Paramètres	Eau contaminée par le mélange de précurseurs		
	Eau brute	Eau préchlorée	Eau traitée
pH	7,65	7,44	7,23
Conductivité (µs/cm)	523	494	1080
Turbidité (NTU)	9,2	16,01	1,12
DCO (mgO$_2$/L)	265	98,4	54,3
COT (mg /L)	15,8	17,7	7,4
NT (mg/L)	1,62	1,88	1,66
Cl ajouté (mg/L)	0	5,6	6
Cl résiduel (mg/L)	0	2	1
sulfate d'Al ajouté (g/L)	0	0	1,2

Ca (mg/L)	47,18	47,38	49,02
Mg (mg/L)	4,747	5,337	5,376
K (mg/L)	3,222	2,566	3,005
Na (mg/L)	256,8	27,65	51,12
P (mg/L)	0,026	0,107	0,095
Fe (mg/L)	0,263	0,363	0,323
Al (mg/L)	1,761	1,950	5,709
Pb (mg/L)	<LD	<LD	<LD
Cd (mg/L)	<LD	0,028	0,032
Cr (mg/L)	0,06	0,033	0,036
Cu (mg/L)	0,012	0,129	0,135
S (mg/L)	21,69	11,18	18,27
Zn (mg/L)	0,014	0,084	0,132
Si (mg/L)	0,994	3,892	3,637

- Eau traitée= Eau préchlorée coagulée et poste-chloré
- Nota : LD : Limite de Détection ;   LD de Cd : 0,00001   ;   LD de p : 0,0001
  LD de Pb : 0,00001

D'après les tableaux ci-dessus les résultats montrent que la composition de la matière minérale reste quasi-stable pour tous les types d'eau après les différentes contaminations, et les différentes étapes de traitement. Ce tableau révèle également que la caractérisation des eaux contaminées en termes de matière minérale est similaire aux eaux de surface Marocaine (Bouregreg et Oum Erbia) et surtout à l'eau naturelle d'Oum Erbia. Par contre la DCO et le COT varient en fonction du type de la contamination.

De même, les résultats ont montré que la DCO et le COT augmentent en fonction de la nature de précurseurs, et donnent des valeurs plus élevées pour le phénol par rapport au résorcinol et l'acétone.

Aussi, les résultats ont montré que la demande en chlore et la concentration en coagulant varient dans le même sens que la DCO et le COT.

Les eaux ainsi caractérisées ont été désinfectées en traçant la courbe de point de rupture, ce qui nous a permis de déterminer la demande en chlore au point de rupture.

V.2. Courbes de point de rupture des eaux contaminées

A fin de déterminer la demande en chlore de l'eau de la rivière Beauport après les différentes contaminations, nous avons tracé la courbe de point de rupture pour ces dernières. Les figures ci-dessous représentent les courbes de point de rupture pour des différentes eaux contaminées.

V.2.1. Eau contaminée par le phénol

La figure ci-dessous représente la courbe de point de rupture pour l'eau brute de Beauport contaminée par 500 µg/L de phénol.

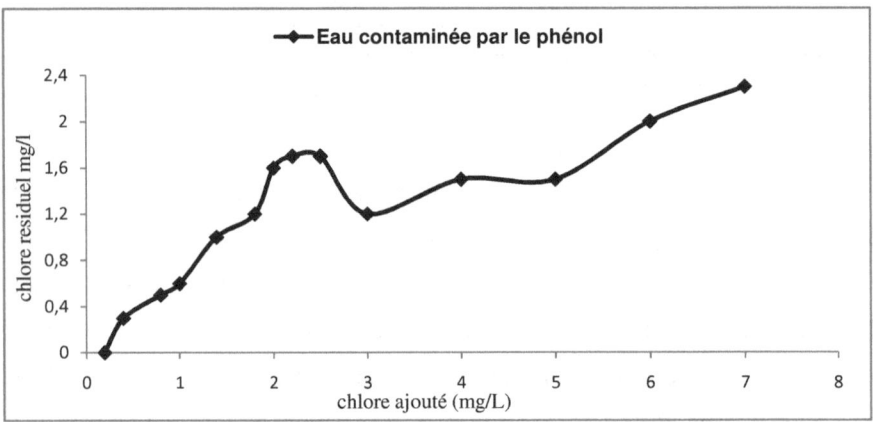

Figure 38 : Courbe de point de rupture de l'eau contaminée par 500 µg/L de phénol.

D'après la courbe, la demande en chlore de l'eau de Beauport contaminée par 500 µg/l de phénol est de 3 mg/L et le chlore résiduel au point de rupture est 1,2 mg/L. La demande en chlore pour la même eau brute sans contamination par le phénol est 2,2 mg/L (Figure 35). D'après ces résultats, on constate une légère augmentation de la demande en chlore lors de la contamination par le phénol.

V.2.2. Eau contaminée par le résorcinol

La figure ci-dessous représente la courbes de point de rupture pour l'eau brute de Beauport contaminée par 500 µg/L de résorcinol.

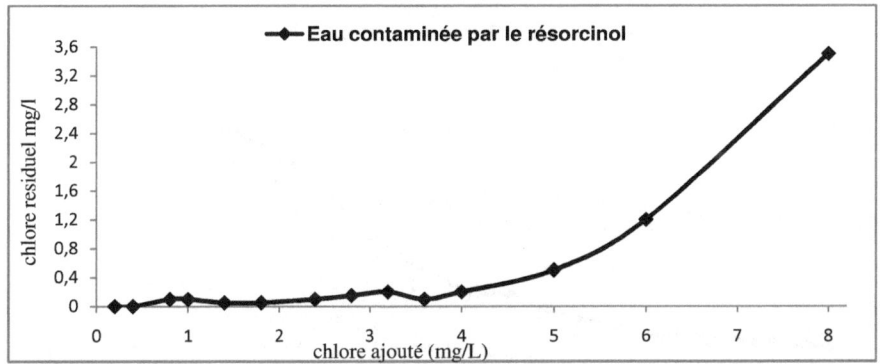

Figure 39: Courbe de point de rupture de l'eau contaminée par 500 µg/L de résorcinol

La demande en chlore pour l'eau contaminée par 500µg/l de résorcinol est 3,6 mg/L est le chlore résiduel au point de rupture est de 0,1 mg/L. D'après les courbes, nous constatons que la demande en chlore a augmenté d'une manière importante par rapport à celle de l'eau de Beauport brute sans contamination, aussi nous constatons que la valeur du chlore résiduel est faible pour la contamination par le résorcinol.

V.2.3. Eau contaminée par l'acétone

La figure ci-dessous représente la courbe de point de rupture pour l'eau brute de Beauport contaminée par 500 µg/L de l'acétone.

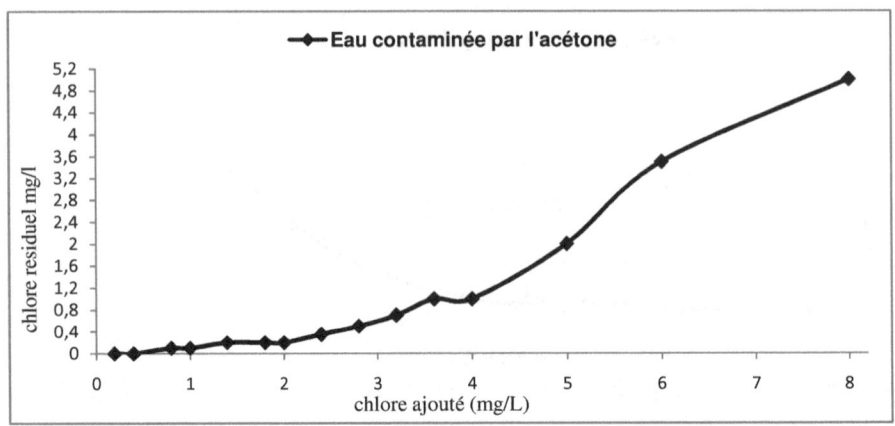

Figure 40 : Courbe de point de rupture de l'eau contaminée par 500 µg/L de l'acétone.

D'après la courbe la demande en chlore pour l'eau de Beauport contaminée par 500 µg/L de l'acétone est 4 mg/L est le chlore résiduel est 1 mg/L. La demande en chlore pour l'eau contaminée par l'acétone a augmenté par rapport à l'eau brute sans contamination presque le double alors que le chlore résiduel a resté quasi-stable.

V.2.4. Eau contaminée par le mélange de précurseurs

La figure ci-dessous représente la courbe de point de rupture pour l'eau brute de Beauport contaminée par le mélange de 500 µg/L de phénol, 500 µg/L de résorcinol, 500 µg/L de l'acétone et 20 mg/L de l'acide humique.

CHEGGARI Karima Thèse de Doctorat National en Chimie de l'Eau et de l'Environnement

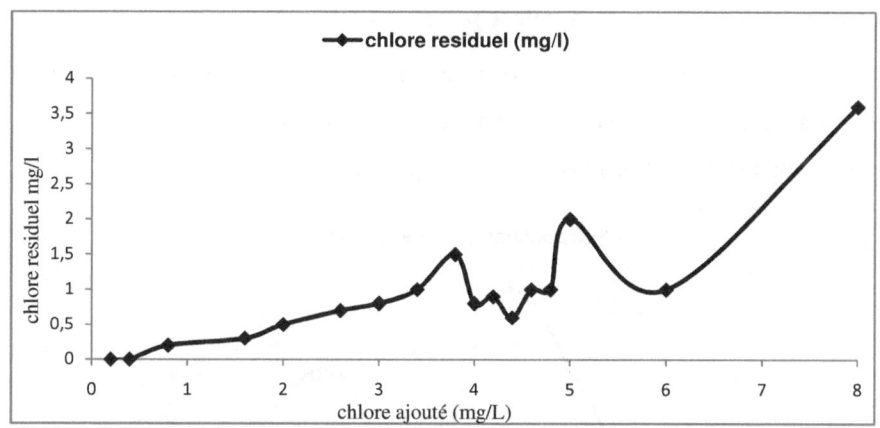

Figure 41: Courbe de point de rupture de l'eau contaminée par le mélange des précurseurs.

D'après la courbe de la demande en chlore pour l'eau contaminée par le mélange de tous les précurseurs en présence d'acide humique est 5,6 mg/L et le chlore résiduel est de   2 mg/L. Nous constatons que la demande en chlore et le chlore résiduel au point de rupture les plus élevés sont trouvés pour l'eau contaminée par le mélange de tous les précurseurs.

Afin d'appliquer les mêmes étapes du procédé de traitement utilisé aux stations de production des eaux potables au Maroc, une coagulation par le sulfate d'aluminium après chloration doit être effectuée.

V.3. Coagulation des eaux après la chloration

Afin d'effectuer une coagulation des eaux naturelles contaminées par les différents précurseurs, nous avons eu besoin de savoir la quantité optimale du coagulant (sulfate d'aluminium) nécessaire pour une meilleur élimination des matières organiques. Pour cela, un suivi du rendement de coagulation en terme de DCO en fonction des concentrations de $Al_2(SO_4)_3$ a été effectué.

Les courbes ci-dessous représentent l'évolution du rendement de coagulation en fonction de la masse du sulfate d'aluminium, pour les différents types d'eaux naturelles contaminées après la chloration.

CHEGGARI Karima Thèse de Doctorat National en Chimie de l'Eau et de l'Environnement

V.3.1. Coagulation de l'eau contaminée par le phénol

La figure ci-dessous représente l'évolution du rendement de la coagulation en fonction des masses d'$Al_2(SO_4)_3$ ajoutées à un litre d'échantillon de l'eau de Beauport contaminée par 500 µg/L de phénol après chloration.

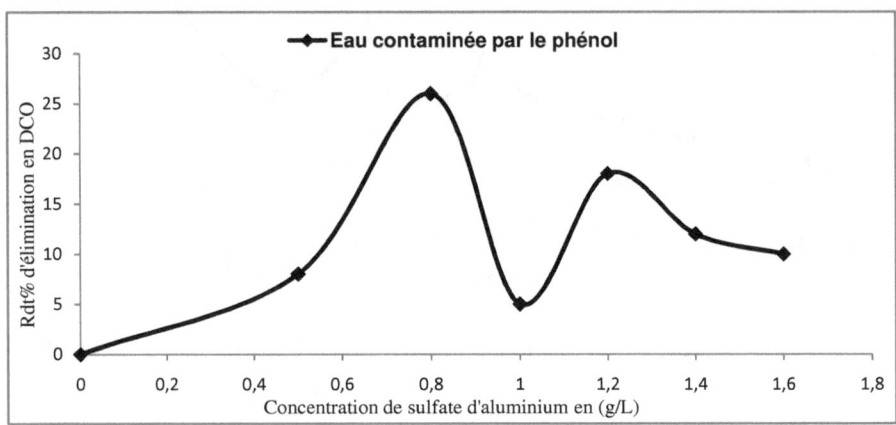

Figure 42 : Coubre d'évolution du rendement de la coagulation en fonction des concentrations d'$Al_2(SO_4)_3$ de l'eau contaminée par 500 µg/L de phénol

D'après la courbe, on constate que le meilleur rendement de la coagulation pour l'eau contaminée par le phénol après chloration est obtenu pour la concentration 0,8 g/L du coagulant.

V.3.2. Coagulation de l'eau contaminée par le résorcinol

La figure ci-dessous représente l'évolution du rendement de la coagulation en fonction des masses d'$Al_2(SO_4)_3$ ajoutées à un litre d'échantillon de l'eau de Beauport contaminée par 500 µg/L de résorcinol après chloration.

CHEGGARI Karima Thèse de Doctorat National en Chimie de l'Eau et de l'Environnement

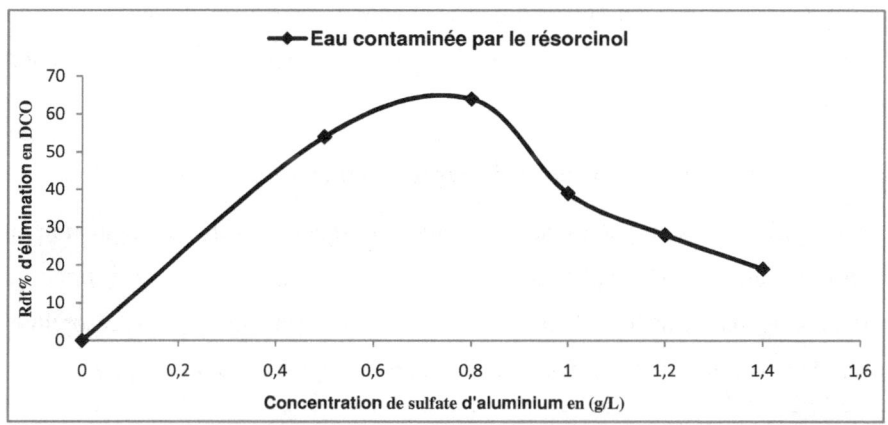

Figure 43: Coubre d'évolution du rendement de la coagulation en fonction des concentrations d'$Al_2(SO_4)_3$ de l'eau contaminée par 500 µg/L de résorcinol

D'après la courbe, on constate que le meilleur rendement de la coagulation pour l'eau contaminée par le résorcinol après chloration est obtenu pour la concentration 0,8 g/L du coagulant.

V.3.3. Coagulation de l'eau contaminée par l'acétone

La figure ci-dessous représente l'évolution du rendement de la coagulation en fonction des masses d'$Al_2(SO_4)_3$ ajoutées à un litre d'échantillon de l'eau de Beauport contaminée par 500 µg/L de l'acétone après chloration.

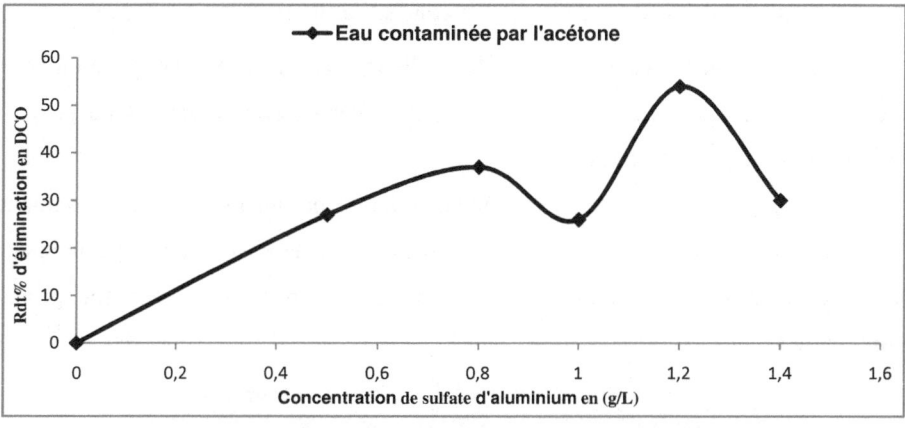

Figure 44: Coubre d'évolution du rendement de la coagulation en fonction des concentrations d'$Al_2(SO_4)_3$ de l'eau contaminée par 500 µg/L d'acétone

125

D'après la courbe, on constate que le meilleur rendement de la coagulation pour l'eau contaminée par l'acétone après chloration est obtenu pour la concentration 1,2 g/L du coagulant.

V.3.4. Coagulation de l'eau contaminée par le mélange de précurseurs

La figure ci-dessous représente l'évolution du rendement de la coagulation en fonction des masses d'$Al_2(SO_4)_3$ ajoutées à un litre d'échantillon de l'eau brute de Beauport contaminée par le mélange de 500 µg/l de phénol, 500 µg/L de résorcinol, 500 µg/L de l'acétone et 20 mg/L de l'acide humique, après chloration.

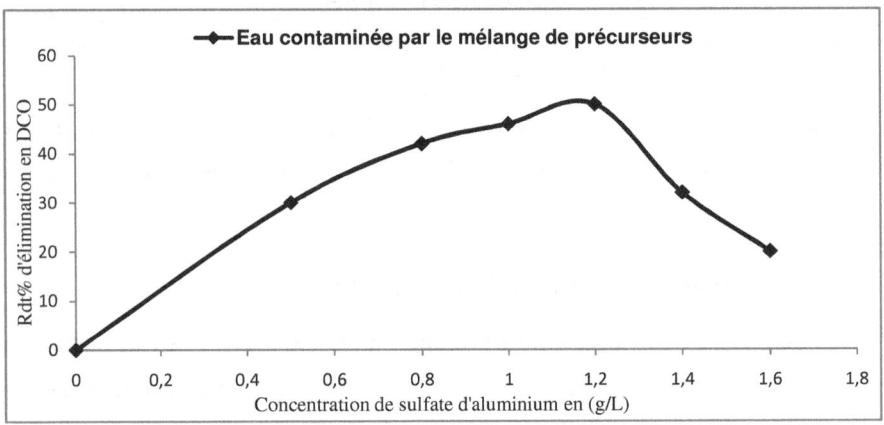

Figure 45: Coubre d'évolution du rendement de la coagulation en fonction des concentrations d'$Al_2(SO_4)_3$ de l'eau contaminée par le mélange de précurseurs.

D'après la courbe on constate que le meilleur rendement de la coagulation pour l'eau contaminée par le mélange de précurseurs après chloration est obtenu pour la concentration 1,2 g/L du coagulant.

Après la préchloration suivie d'une coagulation par les quantités du coagulant déterminées préalablement, nous avons complété les différents étapes de traitement citées précédemment, en passant par la filtration et en finissant par une poste-chloration des eaux.

CHEGGARI Karima Thèse de Doctorat National en Chimie de l'Eau et de l'Environnement

V.4. Détermination des sous-produits de désinfection (THM et COX)

Afin de connaitre l'effet de la chloration en présence de différentes pollutions, sur la formation des THM et COX, les eaux naturelles de la rivière de beauport ont été traitées après les différentes contaminations. Le long du procédé de traitement et à chaque étape, un suivi des THM, des COX, et des produits phénoliques (pour l'eau contaminée par le phénol).

Une demande en chlore inferieure à celle déterminée précédemment a été ajoutée à toutes les eaux contaminées et ceci dans le but de savoir l'effet de la teneur en chlore appliqué sur la formation des SPD.

V.4.1. Détermination des produits phénoliques et des THM pour l'eau contaminée par le phénol

Le tableau ci-dessous présente les concentrations en trihalométhanes et produits phénoliques dans l'eau de la rivière Beauport contaminée par 500 µg/L de phénol préchlorée et traitée.

Tableau 19: Concentrations (µg/L) des trihalométhanes THM et des produits phénoliques dans les eaux contaminées par 500 µg/L de phénol

Substances mesurées	unité	Eau contaminée par 500 µg/l de phénol	
		Eau préchlorée	Eau traitée
Chloroforme	µg/L	**7.8**	**8.0**
Bromodichlorométhane	µg/L	**0.34**	**0.70**
Dibromochlorométhane	µg/L	<0.10	<0.10
Bromoforme	µg/L	<0.10	<0.10
Sommation des THM	µg/L	**8.1**	**8.7**
Phénol	µg/L	**310**	**400**
o-Crésol	µg/L	<0.4	<0.4
m-Crésol	µg/L	<0.3	<0.3
p-Crésol	µg/L	<0.4	<0.4
2-Chlorophénol	µg/L	**41**	**63**
3-Chlorophénol	µg/L	<0.3	<0.3
4-Chlorophénol	µg/L	**20**	**44**
2,4-Diméthylphénol	µg/L	<0.3	<0.3
2,6-Dichlorophénol	µg/L	**19**	**40**
2,4- et 2,5-Dichlorophénols	µg/L	**9.7**	**12**
3,5-Dichlorophénol	µg/L	<0.3	<0.3

2,3-Dichlorophénol	µg/L	<0.3	<0.3
2-Nitrophénol	µg/L	<0.3	<0.3
3,4-Dichlorophénol	µg/L	<0.3	<0.3
2,4,6-Trichlorophénol	µg/L	**5.1**	**18**
4-Nitrophénol	µg/L	<0.4	<0.4
2,3,6-Trichlorophénol	µg/L	<0.3	<0.3
2,3,5-Trichlorophénol	µg/L	<0.3	<0.3
2,4,5-Trichlorophénol	µg/L	<0.3	<0.3
2,3,4-Trichlorophénol	µg/L	<0.3	<0.3
3,4,5-Trichlorophénol	µg/L	<0.4	<0.4
2,3,5,6-Tétrachlorophénol	µg/L	<0.4	<0.4
2,3,4,6-Tétrachlorophénol	µg/L	<0.3	<0.3
2,3,4,5-Tétrachlorophénol	µg/L	<0.3	<0.3
Pentachlorophénol	µg/L	<0.3	<0.3

D'après ces résultats, on constate que les deux types d'eau contaminée par le phénol, préchlorée et traitée contiennent des teneurs importantes des SPD. Le chloroforme et le bromodichlorométhane sont les deux espèces qui ont enregistré des valeurs détectables en THM.

De même, les résultats ont montré que les eaux dans les deux étapes de traitement présentent des teneurs importantes en produits phénoliques par rapport aux THM. Les principaux produits phénoliques détectés sont le 2-Chlorophénol, le 4-Chlorophénol, le 2,6-Dichlorophénol, le 2,4- et 2,5-Dichlorophénols, et le 2,4, 6-Trichlorophénol.

Les résultats ont montré aussi que les teneurs en THM et produits phénoliques ont augmenté dans l'eau traitée par rapport à l'eau chlorée, ce qui montre que la teneur en chlore et le temps de réaction jouent un rôle très important dans l'augmentation des valeurs de THM et produits phénoliques.

On constate aussi que l'eau traitée contaminée par le phénol contient des concentrations en THM procheS aux concentrations détectées pour l'eau traitée d'Oum Erbia (Tableau 8), surtout en chloroforme et bromodichlorométhane.

CHEGGARI Karima Thèse de Doctorat National en Chimie de l'Eau et de l'Environnement

V.4.2. Détermination des précurseurs, THM et COX pour l'eau contaminée par le résorcinol

Le tableau ci-dessous présente les concentrations en trihalométhanes et composés organohalogénés dans l'eau de la rivière Beauport contaminée par 500 µg/L de résorcinol préchlorée et traitée.

Tableau 20 : Concentrations (µg/L) des trihalométhanes THM et des composés organohalogénés COX dans les eaux contaminées par 500 µg/L de résorcinol.

Substances mesurées	unité	Eau contaminée par 500 µg/L de résorcinol	
		Eau préchlorée	Eau traitée
Chloroforme	µg/L	**520**	**610**
Bromodichlorométhane	µg/L	**5**	**12**
Dibromochlorométhane	µg/L	<0.10	0.39
Bromoforme	µg/L	<0.10	<0.10
Sommation des THM	µg/L	**525**	**622**
Chlorure de vinyle	µg/L	<0.2	<0.2
1,1-Dichloroéthène	µg/L	<0.10	<0.10
Dichlorométhane	µg/L	**15**	**8.0**
1,2-Dichloroéthène [trans]	µg/L	<0.10	<0.10
1,1-Dichloroéthane	µg/L	<0.10	<0.10
1,2-Dichloroéthène [cis]	µg/L	<0.10	<0.10
1,2-Dichloroéthènes (cis+trans)	µg/L	<0.10	<0.10
1,1,1-Trichloroéthane	µg/L	<0.10	<0.10
Tétrachlorure de carbone	µg/L	<0.10	<0.10
1,2-Dichloroéthane	µg/L	<0.10	<0.10
Benzène	µg/L	<0.2	<0.2
Trichloroéthène (TCE)	µg/L	<0.10	<0.10
1,2-Dichloropropane	µg/L	<0.10	<0.10
1,3-Dichloropropène [cis]	µg/L	<0.10	<0.10
Toluène	µg/L	0.13	<0.10
1,3-Dichloropropène [trans]	µg/L	<0.10	<0.10
1,3-Dichloropropènes (cis+trans)	µg/L	<0.10	<0.10
1,1,2-Trichloroéthane	µg/L	<0.10	<0.10
1,3-Dichloropropane	µg/L	<0.10	<0.10
Tétrachloroéthène	µg/L	<0.10	<0.10
Chlorobenzène	µg/L	<0.10	<0.10
Éthylbenzène	µg/L	<0.10	<0.10
m- et p-Xylènes	µg/L	<0.2	<0.2

CHEGGARI Karima Thèse de Doctorat National en Chimie de l'Eau et de l'Environnement

o-Xylène	µg/L	<0.10	<0.10
Xylènes (sommation o+m+p)	µg/L	<0.2	<0.2
Styrène	µg/L	<0.10	<0.10
1,1,2,2-Tétrachloroéthane	µg/L	<0.10	0.39
1,3,5-Triméthylbenzène	µg/L	<0.10	<0.10
1,2,4-Triméthylbenzène	µg/L	<0.10	<0.10
1,3-Dichlorobenzène	µg/L	<0.2	<0.2
1,2,3-Triméthylbenzène	µg/L	<0.10	0.39
1,4-Dichlorobenzène	µg/L	<0.10	<0.10
1,2-Dichlorobenzène	µg/L	<0.10	<0.10

Les résultats ont montré que l'eau contaminée par 500 µg/L de résorcinol dans les différentes étapes de traitement (chloration suivi d'une coagulation) a fourni, des valeurs trop élevées en THM surtout en chloroforme pour l'eau préchlorée et l'eau traitée. Les COX ont enregistré des valeurs inférieures aux seuils de détection.

D'après les résultats, les THM qui ont enregistré des valeurs détectables après le chloroforme sont en premier ordre le bromodichlorométhane et le dichlorométhane.

De même, les résultats ont montré que les concentrations des THM ont légèrement augmenté dans l'eau traitée par rapport à l'eau préchlorée.

Les valeurs trop élevées détectées pour l'eau préchlorée et l'eau traitée sont dues au fait que le résorcinol est un précurseur facilement et rapidement oxydable par le chlore, et donne des valeurs importantes en chloroforme (Doré, 1989).

V.4.3. Détermination des précurseurs, THM et COX pour l'eau contaminée par l'acétone

Le tableau ci-dessous présente les concentrations en trihalométhanes et composés organohalogénés dans l'eau de la rivière de Beauport contaminée par 500 µg/L de l'acétone préchlorée et traitée.

Tableau 21: Concentrations (µg/L) des trihalométhanes THM et des composés organohalogénés COX dans les eaux contaminées par 500 µg/L d'acétone.

Substances mesurées	unité	Eau contaminée par 500 µg/L d'acétone	
		Eau préchlorée	Eau traitée
Chloroforme	µg/L	**140**	**88**
Bromodichlorométhane	µg/L	**7.9**	**11**
Dibromochlorométhane	µg/L	<0.10	0.96
Bromoforme	µg/L	<0.10	<0.10
Sommation des THM	µg/L	**148**	**99**
Chlorure de vinyle	µg/L	<0.2	<0.2
1,1-Dichloroéthène	µg/L	<0.10	<0.10
Dichlorométhane	µg/L	**19**	**5.6**
1,2-Dichloroéthène [trans]	µg/L	<0.10	<0.10
1,1-Dichloroéthane	µg/L	<0.10	<0.10
1,2-Dichloroéthène [cis]	µg/L	<0.10	<0.10
1,2-Dichloroéthènes (cis+trans)	µg/L	<0.10	<0.10
1,1,1-Trichloroéthane	µg/L	<0.10	<0.10
Tétrachlorure de carbone	µg/L	<0.10	<0.10
1,2-Dichloroéthane	µg/L	<0.10	<0.10
Benzène	µg/L	<0.2	<0.2
Trichloroéthène (TCE)	µg/L	<0.10	<0.10
1,2-Dichloropropane	µg/L	<0.10	<0.10
1,3-Dichloropropène [cis]	µg/L	<0.10	<0.10
Toluène	µg/L	0.11	<0.10
1,3-Dichloropropène [trans]	µg/L	<0.10	<0.10
1,3-Dichloropropènes (cis+trans)	µg/L	<0.10	<0.10
1,1,2-Trichloroéthane	µg/L	<0.10	<0.10
1,3-Dichloropropane	µg/L	<0.10	<0.10
Tétrachloroéthène	µg/L	<0.10	<0.10
Chlorobenzène	µg/L	<0.10	<0.10
Éthylbenzène	µg/L	<0.10	<0.10
m- et p-Xylènes	µg/L	<0.2	<0.2
o-Xylène	µg/L	<0.10	<0.10
Xylènes (sommation o+m+p)	µg/L	<0.2	<0.2
Styrène	µg/L	<0.10	<0.10
1,1,2,2-Tétrachloroéthane	µg/L	<0.10	<0.10
1,3,5-Triméthylbenzène	µg/L	<0.10	<0.10
1,2,4-Triméthylbenzène	µg/L	<0.10	<0.10
1,3-Dichlorobenzène	µg/L	<0.2	<0.2
12,3-Triméthylbenzène	µg/L	<0.10	<0.10
1,4-Dichlorobenzène	µg/L	<0.10	<0.10

CHEGGARI Karima Thèse de Doctorat National en Chimie de l'Eau et de l'Environnement

1,2-Dichlorobenzène	µg/L	<0.10	<0.10

D'après les résultats le chloroforme a enregistré des teneurs élevées très importantes pour les deux types d'eau préchlorée et traitée. De même, le bromodichlorométhane et le dichlorométhane ont enregistré des valeurs importantes alors que les COX sont inférieurs aux seuils de détections.

Dans le cas de la contamination par l'acétone et contrairement aux cas de phénol et de résorcinol, les résultats ont montré que les concentrations des THM diminuent après le traitement. D'après le tableau, on constate que le chloroforme, le bromodichlorométhane et le dichlorométhane ont enregistré des valeurs légèrement supérieures dans l'étape de la préchloration par rapport à la fin du traitement (eau traitée).

Les résultats ont montré que les eaux contaminées par l'acétone ont enregistrés des concentrations importantes en chloroforme et bromodichlorométhane, ces résultats sont plus élevés par rapport aux résultats enregistrés dans l'eau contaminée par le phénol mais également ils sont moins élevés par rapport aux concentrations enregistrés dans l'eau contaminée par le résorcinol.

Afin de s'approcher à la nature de la pollution présente dans les eaux brutes marocaines qui reçoivent des rejets de divers activités industrielles, nous avons contaminé l'eau par un mélange de précurseurs, phénol, résorcinol, et l'acétone en utilisant la même concentration pour chaque précurseur qui est de 500 µg/L. Pour représenter la matière organique naturelle nous avons ajouté 20 mg/L d'acide humique.

V.4.4. Détermination des précurseurs, THM et COX pour l'eau contaminée par le mélange de précurseurs

Le tableau ci-dessous présente les concentrations en trihalométhanes et composés organohalogénés dans les eaux préchlorées et traitées de la rivière Beauport contaminée par 500 µg/L de phénol, 500 µg/L de résorcinol, 500 µg/L d'acétone et 20 mg/L de l'acide humique, afin de savoir l'effet de la chloration en présence de différentes pollutions sur la formation des THM et COX.

Tableau 22: Concentrations (μg/L) des THM et des COX dans les eaux contaminées par le mélange des précurseurs en présence d'acide humique, préchlorée et traitées

Substances mesurées	unité	Eau contaminée par le mélange des précurseurs	
		Eau préchlorée	Eau traitée
Chloroforme	μg/L	**160**	**340**
Bromodichlorométhane	μg/L	**0.55**	**2.7**
Dibromochlorométhane	μg/L	<0.10	<0.10
Bromoforme	μg/L	<0.10	<0.10
Sommation des THM	μg/L	**160.55**	**342.7**
Chlorure de vinyle	μg/L	<0.2	<0.2
1,1-Dichloroéthène	μg/L	<0.10	<0.10
Dichlorométhane	μg/L	**32**	**5.3**
1,2-Dichloroéthène [trans]	μg/L	<0.10	<0.10
1,1-Dichloroéthane	μg/L	<0.10	<0.10
1,2-Dichloroéthène [cis]	μg/L	<0.10	<0.10
1,2-Dichloroéthènes (cis+trans)	μg/L	<0.10	<0.10
1,1,1-Trichloroéthane	μg/L	<0.10	<0.10
Tétrachlorure de carbone	μg/L	<0.10	<0.10
1,2-Dichloroéthane	μg/L	<0.10	<0.10
Benzène	μg/L	0.20	0.20
Trichloroéthène (TCE)	μg/L	<0.10	<0.10
1,2-Dichloropropane	μg/L	<0.10	<0.10
1,3-Dichloropropène [cis]	μg/L	<0.10	<0.10
Toluène	μg/L	0.23	<0.10
1,3-Dichloropropène [trans]	μg/L	<0.10	<0.10
1,3-Dichloropropènes (cis+trans)	μg/L	<0.10	<0.10
1,1,2-Trichloroéthane	μg/L	<0.10	<0.10
1,3-Dichloropropane	μg/L	<0.10	<0.10
Tétrachloroéthène	μg/L	<0.10	<0.10
Chlorobenzène	μg/L	<0.10	<0.10
Éthylbenzène	μg/L	<0.10	<0.10
m- et p-Xylènes	μg/L	<0.2	<0.2
o-Xylène	μg/L	<0.10	<0.10
Xylènes (sommation o+m+p)	μg/L	<0.2	<0.2
Styrène	μg/L	<0.10	<0.10
1,1,2,2-Tétrachloroéthane	μg/L	<0.10	<0.10
1,3,5-Triméthylbenzène	μg/L	<0.10	<0.10

CHEGGARI Karima Thèse de Doctorat National en Chimie de l'Eau et de l'Environnement

1,2,4-Triméthylbenzène	µg/L	<0.10	<0.10
1,3-Dichlorobenzène	µg/L	<0.2	<0.2
1,2,3-Triméthylbenzène	µg/L	<0.10	<0.10
1,4-Dichlorobenzène	µg/L	<0.10	<0.10
1,2-Dichlorobenzène	µg/L	<0.10	<0.10

D'après le tableau, on constate que les THMs ont généré des teneurs plus élevées par rapport aux COX qui sont inférieures aux seuils de détections même dans le cas où l'eau est contaminée par le mélange de précurseurs.

De même, on constate que le chloroforme, le bromodichlorométhane et le dichlorométhane ont donné des valeurs plus importantes pour l'eau traitée que l'eau préchlorée.

Les résultats ont montré qu'en présence de tous les précurseurs dans l'eau, le chloroforme a donné une concentration inferieure à celle enregistrée dans l'eau contaminée par le résorcinol seul. Par contre, les résultats ont montré qu'en présence de tous les précurseurs dans l'eau, le dichlorométhane a donné une concentration plus élevée à celle enregistrée dans l'eau contaminée par le résorcinol seul.

Afin de mieux évaluer l'effet de la nature des précurseurs, sur la variation de la demande en chlore, le chlore résiduel au point de rupture et, par la suite, la formation des THM et COX, nous allons comparer les résultats obtenus pour chaque contamination.

V.5. Comparaison entre les contaminations par les différents précurseurs

V.5.1. Caractéristiques des eaux

Le tableau ci-dessous présente une récapitulation des caractéristiques physico-chimiques de l'eau de surface de la rivière Beauport traitée après les différentes contaminations.

Tableau 23 : Caractéristiques des eaux de la rivière Beauport traitées après les différentes contaminations

Paramètres	Eau contaminée par le phénol	Eau contaminée par le résorcinol	Eau contaminée par l'acétone	Eau contaminée par le mélange des précurseurs plus acide humique
pH	7,65	7,51	7,44	7,23
Conductivité (µs/cm)	1287	1225	1412	1080
Turbidité (NTU)	1,6	1,45	1,26	1,12
DCO (mgO$_2$/L)	24,9	19,6	28,1	54,3
COT (mg/L)	5,3	7,5	7,0	7,4
Rapport COT/DCO	0,21	0,38	0,24	0,13
N$_T$ (mg/L)	1,35	2.37	1,21	1,66
Cl ajouté (mg/L)	3	3,6	4	6
Cl résiduel (mg/L)	1,2	0,1	1	1
sulfate d'Al ajouté (g/L)	0,8	0,8	1	1,2
Ca (mg/L)	43,68	46,83	45,78	49,02
Mg (mg/L)	4,11	4,789	4,665	5,376
K (mg/L)	3,049	4,645	3,829	3,005
Na (mg/L)	114,3	183,2	217,5	51,12
P (mg /L)	0.079	0,037	0,046	0,095
Fe (mg/L)	0,017	0,379	0,48	0,323
Al (mg/L)	0,356	2,744	0,473	5,709
Pb (mg/L)	0.015	0,036	<LD	<LD
Cd (mg/L)	<LD	<LD	<LD	0,032
Cr (mg /L)	0,0183	0,041	0,052	0,036
Cu (mg/L)	0,003	0,017	0,018	0,135
S (mg/L)	9,824	13,53	17,4	18,27
Zn (mg/L)	0,021	0,078	0,04	0,132
Si (mg/L)	0,302	1,374	0,308	3,637

D'après le tableau, on constate que la composition de la matière minérale et les métaux reste quasi-stable pour les différentes contaminations. Les valeurs de la DCO sont proches pour les différents précurseurs et ne dépassent pas la norme de l'OMS qui est de 30 mgO$_2$/L (Doré, 1989) sauf dans le cas où l'eau est contaminée par le mélange de tous les précurseurs en présence d'acide humique.

CHEGGARI Karima Thèse de Doctorat National en Chimie de l'Eau et de l'Environnement

En ce qui concerne les teneurs en COT, elles sont de 7 mg/L pour le résorcinol, l'acétone et le mélange des précurseurs, et c'est la contamination par le résorcinol qui a enregistré la valeur la plus élevée suivie par la contamination par le mélange de précurseurs, la contamination par l'acétone et, en dernier lieu, la contamination par le phénol qui a enregistré la valeur la plus faible, soit 5,3 mg/L.

De même d'après, les résultats, nous constatons que le rapport COT/DCO le plus élevé est enregistré pour le cas de la contamination par le résorcinol, puisque c'est le précurseur le plus réactif vis-à-vis du chlore (Doré, 1989).

V.5.2. Courbes de point de rupture

La figure ci-dessous représente les courbes de point de rupture de l'eau brute de la rivière Beauport après les différentes contaminations.

Ce suivi de la courbe de point de rupture était nécessaire pour la détermination de la demande en chlore.

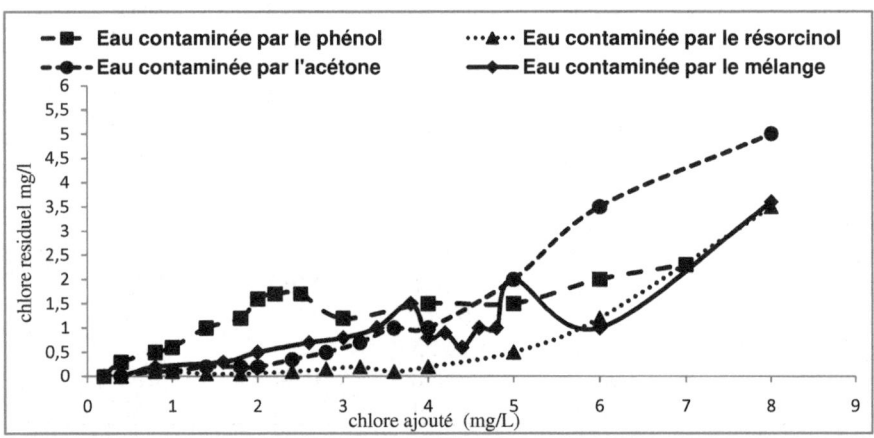

Figure 46 : Courbes de point de rupture des eaux après les différentes contaminations

D'après les courbes, nous constatons que la demande en chlore varie en fonction de la nature de précurseur, la demande en chlore la plus élevée est enregistrée pour le mélange de précurseurs, et par la suite, l'acétone et après le résorcinol. Alors que le chlore résiduel au point de rupture est quasi-stable pour toutes les contaminations sauf le cas de la contamination par le résorcinol, il a enregistré une faible teneur 0,1 mg/L. Cette faible concentration a été enregistrée pour le plus faible rapport de COT/DCO (résorcinol) parmi toutes les contaminations.

V.5.3. Détermination des THM

Le tableau ci-dessous présente les concentrations des principaux THM détectées dans les eaux de la rivière Beauport traitées après les différentes contaminations.

Tableau 24: Concentrations (µg/L) des principaux THM dans les eaux traitées après les différentes contaminations

Substances mesurées	unité	Eau contaminée par le phénol	Eau contaminée par le résorcinol	Eau contaminée par l'acétone	Eau contaminée par le mélange de précurseur
Chloroforme	µg/L	8.0	610	88	340
Bromodichlorométhane	µg/L	0.70	12	11	2.7
Dibromochlorométhane	µg/L	<0.10	0.39	0.96	<0.10
Bromoforme	µg/L	<0.10	<0.10	<0.10	<0.10
Sommation des THM	µg/L	8.7	622	99	342.7
Dichlorométhane	µg/L	---------	8.0	5.6	5.3

D'après le tableau, les résultats ont montré que les différentes contaminations ont généré des teneurs importantes en THM, et que la contamination par le phénol a généré les plus faibles valeurs en ces derniers.

De même, les résultats ont montré que les eaux contaminées par l'acétone ont enregistrés des concentrations importantes en chloroforme et bromodichlorométhane. Ces résultats sont plus élevés par rapport aux résultats enregistrés dans l'eau contaminée par le phénol, mais également ils sont moins élevés par rapport aux concentrations enregistrées dans l'eau contaminée par le résorcinol.

V.5.4. Discussion

D'après les résultats de la présente étude, on constate qu'en présence de la pollution organique pour les différents cinq précurseurs, la chloration directe génère la formation des teneurs importantes en THMs et COX, en particulier des valeurs trop élevées en chloroforme.

De même, les résultats montrent que la part de THMs dans les sous-produits de chloration est plus élevée par rapport à la part de COX et surtout dans le cas ou la part du COT dans la DCO est élevée dans les eaux.

Doré (1989) a déjà montré que le résorcinol est facilement et rapidement oxydable par le chlore alors que le phénol est difficilement oxydable, et l'acétone est moyennement oxydable par le chlore, ce qui se reproduit dans la présente étude et montré par les teneurs de THMs et chloroforme détectées dans le résorcinol, qui sont plus élevées par rapport à celle détectées dans les eaux contaminées par le phénol.

De même, les résultats ont montré que lorsque les eaux sont contaminées par tous les précurseurs en plus de l'acide humique, pour représenter le cas d'une pollution diverse, nous avons détecté des valeurs importantes en THMs et chloroforme, mais toujours inférieures a celles détectées dans les eaux contaminées par le résorcinol.

Ce qui est commun pour toutes les eaux avec la contamination par les différents précurseurs, c'est que la préchloration des eaux brutes génère la formation des quantités importantes en THMs : le chloroforme, le bromodichlorométhane, le dibromochlorométhane, le bromoforme et aussi le dichlorométhane.

Pour le chloroforme, le bromodichlorométhane et le dichlorométhane, les résultats montrent que peu importe la nature des précurseurs et le type de pollution, dans le cas ou la préchloration se fait en premier lieu comme dans le procédé de traitement appliqué au Maroc, le chlore attaque directement la matière organique présente dans l'eau et oxyde les précurseurs qui ont une affinité vis-à-vis du chlore

CHEGGARI Karima Thèse de Doctorat National en Chimie de l'Eau et de l'Environnement

(cas du résorcinol) et génère une augmentation des teneurs de THMs formés lors du traitement.

Conclusion

La présente étude montre que la formation des THM et COX dépend de la nature de la matière organique et de type de précurseurs présents dans les eaux et, par la suite, la part du COT dans la DCO. Aussi, le type de traitement a un grand effet sur la formation des THMs et COX ce qui a été montré lorsqu'on a procédé à l'étape de la préchloration. Nous avons remarqué la génération des quantités très importantes de tous les THMs formés et en particulier le chloroforme, le bromodichlorométhane et le dichlorométhane. De ce fait, il est maintenant bien clair que le procédé de traitement des eaux de la ville de Casablanca au Maroc, doit être corrigé et adapté à la nature de l'eau brute. Et comme première correction, nous avons pensé dans la suite de la présente étude, de procéder par une coagulation avant l'étape de la chloration, et ceci afin d'éliminer la matière organique et diminuer la formation des THM et COX après l'étape de la chloration directe des eaux brute qui est effectuée par les usines de traitement au Maroc.

CHEGGARI Karima Thèse de Doctorat National en Chimie de l'Eau et de l'Environnement

CHAPITRE VI

COAGULATION AVANT CHLORATION :

DEMANDE EN CHLORE ET SOUS-PRODUITS DE DÉSINFECTION (CORRECTION DU SYSTÈME DE TRAITEMENT)

CHEGGARI Karima Thèse de Doctorat National en Chimie de l'Eau et de l'Environnement

CHAPITRE VI : COAGULATION AVANT CHLORATION : DEMANDE EN CHLORE ET SOUS-PRODUITS DE DÉSINFECTION (CORRECTION DU SYSTÈME DE TRAITEMENT)

Introduction

Lors de cette étude, nous avons pu faire un suivi et diagnostic des différents THM et COX, formés lors de la désinfection des eaux de surface alimentant la ville de Casablanca. Le suivi effectué a montré la formation d'une quantité importante de ces sous-produits de désinfection (THM et COX).

D'après les résultats des chapitres précédents, nous avons constaté que la chloration directe des eaux, naturelles polluées, constitue un danger par la formation des fortes teneurs en SPD toxiques, THM et COX et, particuliérement si les eaux sont chargées en matières organiques (la part du COT dans la DCO est élevée).

Nous avons constaté de même, que la nature et la teneur de la matière organique à un effet très négatif sur la désinfection de ces eaux par le chlore. De ce fait, il s'est avéré nécessaire de contribuer à l'amélioration de la qualité d'eau en diminuant d'une manière importante la formation des THM et COX, par la diminution de la matière organique dans les eaux avant de procéder à la chloration, pour empêcher la réaction du chlore avec cette dernière et minimiser la formation des teneurs importantes en SPD. Ceci, par l'inversement de l'ordre des deux premières étapes de traitement, tout en situant la coagulation avant la chloration.

Dans les chapitres précédents, nous avons suivi la formation de THM et COX dans des eaux après un traitement basé sur la préchloration et la coagulation-floculation, suivi par une post-chloration, c'est-à-dire le procédé appliqué par les producteurs d'eau potable dela ville de Casablanca.

Dans ce chapitre, nous allons travailler sur les mêmes échantillons d'eaux utilisées précédemment : les eaux naturelles alimentant la ville de Casablanca (Bouregreg et Oum Erbia), les eaux synthétiques et les eaux contaminées par les différents précurseurs.

CHEGGARI Karima Thèse de Doctorat National en Chimie de l'Eau et de l'Environnement

Le même suivi a été effectué pour ces eaux, en inversant les étapes de la préchloration et de la coagulation-floculation c'est à dire en procédant à une coagulation-floculation avant la chloration. Cette inversion a pour but de comparer l'effet de la chloration directe des eaux brutes, et l'effet de la coagulation avant chloration sur l'élimination de la matière organique et, par la suite, sur la qualité des eaux distribuées à la ville de Casablanca.

VI.1. Caractéristiques des eaux

VI.1.1. Eau contaminée par l'acide humique

Le tableau ci-dessous présente la caractérisation des eaux traitées, et coagulées avant chloration, sans et après contamination par 20 mg/L d'acide humique.

Tableau 25: Caractéristiques des eaux traitées, et coagulées avant chloration sans et après contamination

paramètres	Eau naturelle de Beauport		Eau naturelle de Beau port contaminée par 20mg/l d'acide humique	
	Eau traitée	Eau coagulée avant chloration	Eau traitée	Eau coagulée avant chloration
pH	7,45	7,68	7,5	7,56
Conductivité (μs/cm)	1688	1940	951	1011
Turbidité (NTU)	1,95	1,15	1,06	1,15
DCO (mgO$_2$/L)	23,6	29,2	47,3	43
COT (mg/L)	5,9	5,6	6,0	5,2
NT (mg/L)	1,53	1,3	1,63	1,58
Cl ajouté (mg/L)	2,2	2	4,2	3,6
Cl résiduel (mg/L)	1,2	0,4	0,6	1
sulfate d'Al ajouté (g/L)	1	1,2	1,3	1,4
Ca (mg/L)	46,81	42,56	50,09	48,96
Mg (mg/L)	4,638	4,441	5,501	5,04
K (mg/L)	3,28	3,091	3,562	2,499
Na (mg/L)	226	293,8	62,16	25,65
P ((mg/L)	0,1645	0,034	0,109	0,035
Fe (mg/L)	0,0478	0,0391	0,3287	0,541
Al (mg/L)	1,782	2,441	5,27136	0,20844
Pb (mg/L)	0,05298	0,033756	0,1056	<LD
Cd (mg/L)	<LD	<LD	0,029	<LD

CHEGGARI Karima Thèse de Doctorat National en Chimie de l'Eau et de l'Environnement

Cr (mg/L)	0,0169	0,0061	0,035	0,049
Cu (mg/L)	0,0122	0,0089	0,133	0,006
S (mg/L)	13,78	14,78	15,38	9,731
Zn (mg/L)	0,036	0,0296	0,132	0,018
Si (mg/L)	0,533639	0,205632	3,764	2,852

- Eau traitée= eau préchlorée coagulée et post-chlorée
- Nota : LD : Limite de Détection ;   LD de Cd : 0,00001 ;   LD de p : 0,0001   LD de Pb : 0,00001

Les résultats présentés au tableau ci-dessus indiquent que l'eau de la rivière de Beauport contaminée par 20 mg/L d'acide humique brute et l'eau brute Bouregreg (tableaux 5 et 6) ont des caractéristiques comparables. Cette dernière a donc été utilisée comme eau de référence pour le reste de l'étude.

VI.1.2. Eau contaminée par les différents précurseurs

Le tableau ci-dessous représente la caractérisation des eaux traitées, et coagulées avant chloration contaminées par le phénol et le résorcinol

Tableau 26: Caractéristiques des eaux traitées, et coagulées avant chloration, contaminées par le phénol et le résorcinol.

Paramètres	Eau contaminée par 500 µg/l de phénol		Eau contaminée par 500 µg/l de résorcinol	
	Eau traitée	Eau chlorée après coagulation	Eau traitée	Eau chlorée après coagulation
pH	7,65	7,7	7,51	7,47
Conductivité (µs/cm)	1287	1534	1225	1337
Turbidité (NTU)	1,6	1,2	1,45	1,48
DCO (mgO$_2$/L)	24,9	25,3	19,6	17
COT (mg/L)	5,3	5,07	7,5	4,03
NT (mg/L)	1,35	1,26	2.37	1.11
Cl ajouté (mg/L)	3	2,5	3,6	3,2
Cl résiduel (mg/L)	1,2	0,6	0,1	0,4
sulfate d'Al ajouté (g/L)	0,8	1,2	0,8	1,2
Ca (mg/L)	43,68	44,38	46,83	45,91
Mg (mg/L)	4,11	4,363	4,789	4,634
K (mg/L)	3,049	3,223	4,645	3,031

Na (mg/L)	114,3	187,5	183,2	202,3
P (mg/L)	0.079	0.069	0,037	0,064
Fe (mg/L)	0,017	0,039	0,379	0,156
Al (mg/L)	0,356	5,079	2,744	1,102
Pb (mg/L)	0.015	0.007	0,036	0,033
Cd (mg/L)	<LD	<LD	<LD	<LD
Cr (mg/L)	0,0183	0,0204	0,041	0,033
Cu (mg/L)	0,003	0,007	0,017	0,009
S (mg/L)	9,824	15,91	13,53	15,54
Zn (mg/L)	0,021	0,030	0,078	0,048
Si (mg/L)	0,302	0,508	1,374	0,769

- Eau traitée= eau préchlorée coagulée et post-chlorée
- Nota : LD : Limite de Détection ;   LD de Cd : 0,00001   ;   LD de p : 0,0001   LD de Pb : 0,00001

Le tableau ci-dessous présente la caractérisation des eaux contaminées par l'acétone et le mélange de précurseurs, traitées et coagulées avant chloration.

Tableau 27: Caractéristiques des eaux traitées, et coagulées avant chloration contaminées par l'acétone et le mélange de précurseurs

Paramètres	Eau contaminée par 500 µg/l d'acétone		Eau contaminée par le mélange des précurseurs	
	Eau traitée	Eau chlorée après coagulation	Eau traitée	Eau chlorée après coagulation
pH	7,44	7,37	7,23	7,38
Conductivité (µs/cm)	1412	1559	1080	1064
Turbidité (NTU)	1,26	0,798	1,12	1,02
DCO (mgO$_2$/L)	28,1	26,9	54,3	51
COT (mg/L)	7,0	6,78	7,4	6,1
NT (mg/L)	1,21	0,99	1,66	1,44
Cl ajouté (mg/L)	4	3,6	6	5
Cl résiduel (mg/L)	1	2,4	1	1
sulfate d'Al ajouté (g/L)	1	1,2	1,2	1,4
Ca (mg/L)	45,78	45,85	49,02	47,12
Mg (mg/L)	4,665	4,505	5,376	4,734
K (mg/L)	3,829	3,346	3,005	3,23
Na (mg/L)	217,5	256,8	51,12	257,3
P (mg/L)	0,046	0,041	0,095	0,029

CHEGGARI Karima Thèse de Doctorat National en Chimie de l'Eau et de l'Environnement

Fe (mg/L)	0,48	0,472	0,323	0,238
Al (mg/L)	0,473	1,482	5,709	1,729
Pb (mg/L)	<LD	0,022	<LD	0,02
Cd (mg/L)	<LD	<LD	0,032	<LD
Cr (mg/L)	0,052	0,044	0,036	0,052
Cu (mg/L)	0,018	0,014	0,135	0,009
S (mg/L)	17,4	20,51	18,27	19,81
Zn (mg/L)	0,04	0,054	0,132	0,012
Si (mg/L)	0,308	0,742	3,637	1,013

- Eau traitée= eau préchlorée coagulée et post-chlorée
- Nota : LD : Limite de Détection ; LD de Cd : 0,00001 ; LD de p : 0,0001 LD de Pb : 0,00001

D'après les tableaux 26 et 27, les résultats ont montré qu'après traitement la DCO a diminué d'une manière importante (plus de 70% d'abattement de la DCO) après le traitement, alors que le COT a légèrement diminué. Le traitement qui se fait au sein du barrage d'Oum Erbia se base sur la préchloration directe, suivie d'une coagulation par le sulfate d'aluminium, puis une filtration sur sable et se termine par une post-chloration.

La diminution de la DCO peut s'expliquer par l'oxydation par le chlore qui se fait après la première étape de traitement qui est la pré-chloration, chose qui va être confirmée par les résultats des eaux analysées trouvées dans des essais par la suite.

VI.2. Coagulation avant la chloration des eaux brutes

Afin d'effectuer une coagulation des eaux naturelles et synthétiques sans et après contamination et synthétiques, nous avons eu besoin de savoir la quantité optimale du coagulant (sulfate d'aluminium) qu'il faut ajouter pour une meilleur élimination des matières organiques, pour cela un suivi du rendement de coagulation et du pH en fonction des concentrations de $Al_2(SO_4)_3$ a été effectué.

Les courbes ci-dessous représentent l'évolution du rendement de coagulation et du pH en fonction de sulfate d'aluminium, pour les différents types d'eaux naturelles et synthétiques.

145

VI.2.1. Eaux de surface : En période estivale

Dans ce chapitre, nous n'avons traité que les eaux de surface alimentant la ville de Casablanca en période d'eté car c'est la période où ces eaux génèrent des teneurs plus importantes par rapport à hiver.

VI.2.1.1. Eau de Bouregreg

La figure ci-dessous représente l'évolution du pH en fonction des masses de $Al_2(SO_4)_3$ ajoutées à un litre d'échantillon.

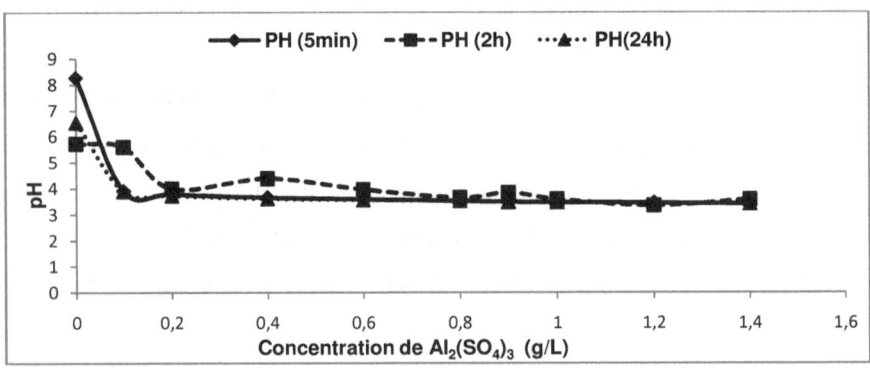

Figure 47: Évolution de pH en fonction des concentrations de $Al_2(SO_4)_3$ de l'eau de Bouregreg

D'après les courbes, on constate que le pH diminue après l'ajout d'une faible quantité du coagulant et reste quasi-stable pour les autres concentrations.

Aussi, d'après la courbe on constate que le pH reste plus stable après décantation de l'eau pendant vingt quatre heures, ce qui montre que ce dernier se stabilise mieux avec le temps. Vu que le coagulant utilisé est le sulfate d'aluminium, la nette diminution du pH (de 8 à 4) pour les premiers ajouts de $Al_2(SO_4)_3$ s'explique par le passage du Al^{3+} dans la solution et par conséquent, la formation d'hydroxyde d'aluminium suivi d'une stabilisation due à la formation du polymère ($Al_X O_Y (OH)_Z Cl_W$).

D'après Zidane et *al*, (2008), ce polymère formé joue le rôle de coagulant avec une stabilité plus importante.

La figure ci-dessous représente l'évolution du rendement de coagulation en fonction des masses de $Al_2(SO_4)_3$ ajoutées à un litre d'échantillon.

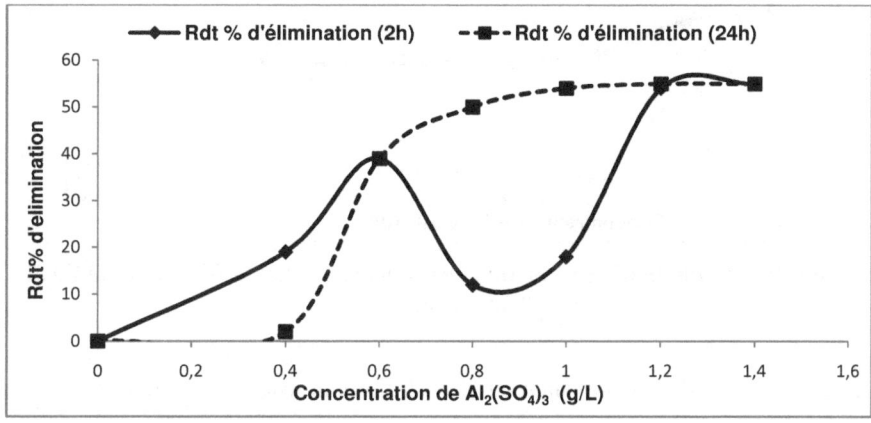

Figure 48: Évolution du rendement de la coagulation en fonction des concentrations de $Al_2(SO_4)_3$ de l'eau de Bouregreg.

D'après la courbe, on constate que le meilleur rendement de la coagulation est obtenu pour la concentration 1 g/L du coagulant, après vingt quatre heures.

Ceci montre que le temps joue un rôle très important, d'où la nécessité de laisser décanter les eaux après coagulation.

VI.2.1.2. Eau d'Oum Erbia

La figure ci-dessous représente l'évolution du pH en fonction des masses de $Al_2(SO_4)_3$ ajoutées à un litre d'échantillon après vingt quatre heures de décantation:

147

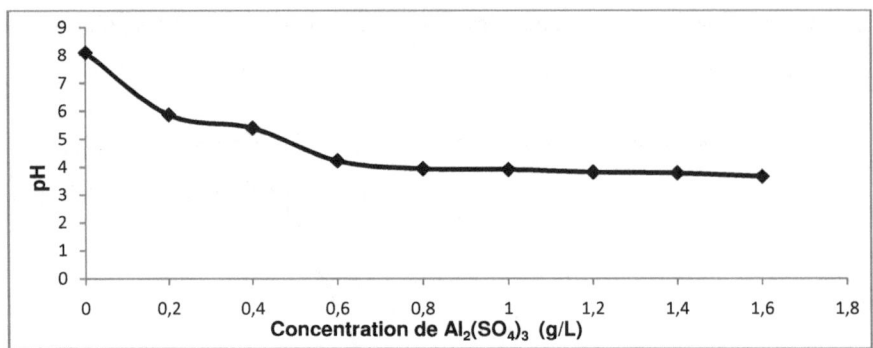

Figure 49: Évolution de pH en fonction des concentrations de $Al_2(SO_4)_3$ de l'eau d'Oum Erbia.

D'après la courbe, on constate que le pH diminue jusqu'à la valeur quatre à la concentration 0,6 g/L du coagulant et reste quasi-stable pour les autres concentrations.

La figure ci-dessous représente l'évolution du rendement de coagulation en fonction des masses de $Al_2(SO_4)_3$ ajoutées à un litre d'échantillon après vingt quatre heures de décantation

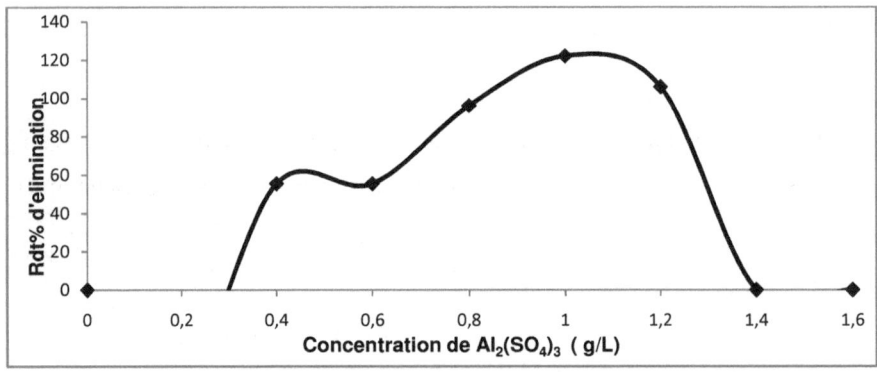

Figure 50: Évolution du rendement de la coagulation de l'eau d'Oum Erbia en fonction des concentrations de $Al_2(SO_4)_3$

D'après la courbe, la concentration optimale du coagulant pour l'eau d'Oum Erbia est de 1 g/L. De même, une coagulation pour les eaux contaminées par l'acide humique a été effectuée.

CHEGGARI Karima Thèse de Doctorat National en Chimie de l'Eau et de l'Environnement

VI.2.2. Eaux contaminées par l'acide humique

VI.2.2.1. Eaux synthétiques

✓ Eau synthétique (a)

La figure ci-dessous représente l'évolution du pH en fonction des masses de $Al_2(SO_4)_3$ ajoutées à un litre d'échantillon après vingt quatre heures de décantation.

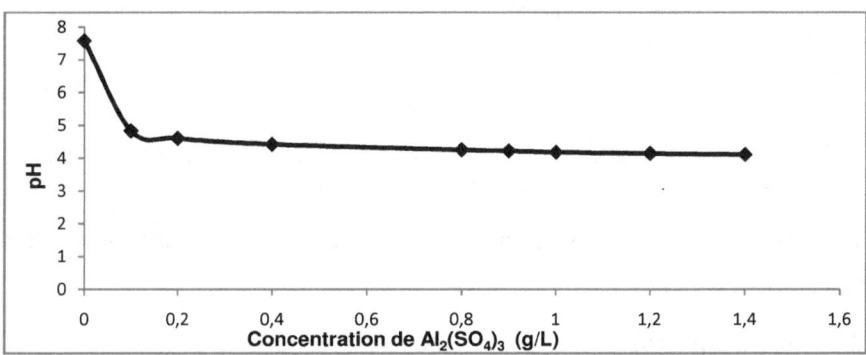

Figure 51: Évolution de pH en fonction des concentrations de $Al_2(SO_4)_3$ de l'eau synthétique (a)

De même que les eaux naturelles le pH pour l'eau synthétique (a) reste quasi-stable.

La figure ci-dessous représente l'évolution du rendement de la coagulation en fonction des masses de $Al_2(SO_4)_3$ ajoutées à un litre d'échantillon après vingt quatre heures de décantation.

CHEGGARI Karima Thèse de Doctorat National en Chimie de l'Eau et de l'Environnement

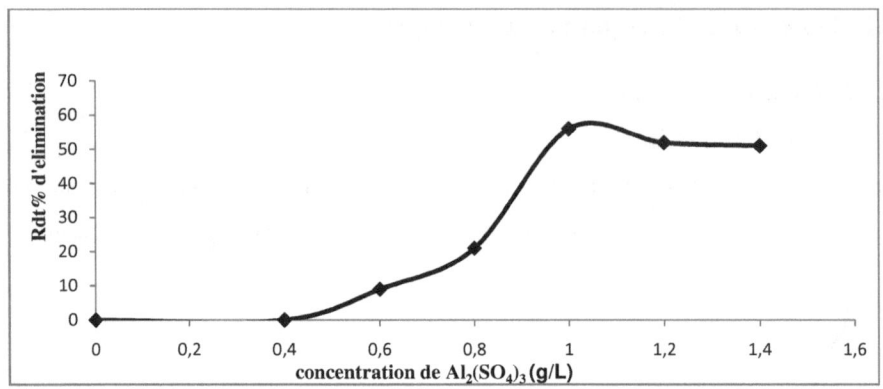

Figure 52: Évolution du rendement de la coagulation en fonction des concentrations de Al₂(SO₄)₃ de l'eau synthétique (a).

D'après la courbe, la concentration optimale du coagulant pour l'eau synthétique (a) est de 1 g/l.

✓ **Eau synthétique (b)**

La figure ci-dessous représente l'évolution du pH en fonction des masses de $Al_2(SO_4)_3$ ajoutées à un litre d'échantillon après vingt quatre heures de décantation.

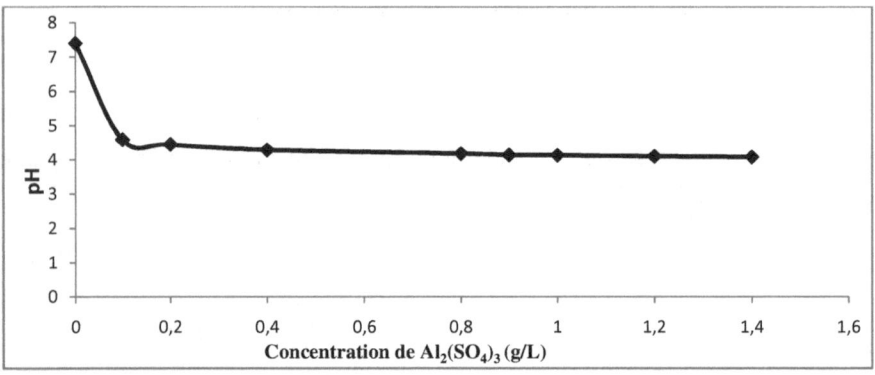

Figure 53: Évolution de pH en fonction des concentrations de $Al_2(SO_4)_3$ de l'eau synthétique (b)

D'après la courbe le pH de l'eau synthétique (b) reste aussi quasi-stable pour la valeur 4.

CHEGGARI Karima Thèse de Doctorat National en Chimie de l'Eau et de l'Environnement

La figure ci-dessous représente l'évolution du rendement de coagulation en fonction des masses de $Al_2(SO_4)_3$ ajoutées à un litre d'échantillon après vingt quatre heures de décantation.

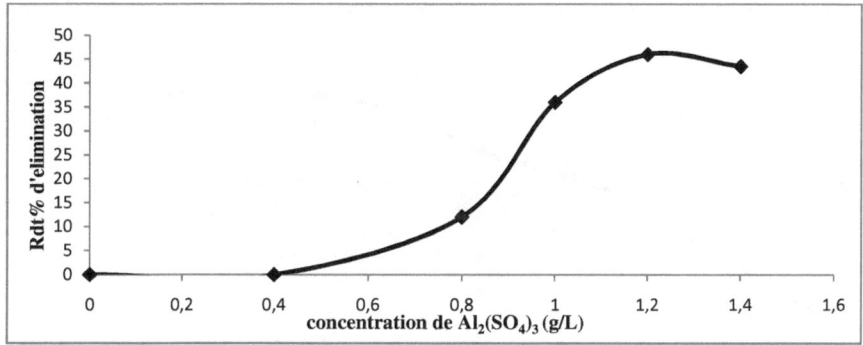

Figure 54: Évolution du rendement de la coagulation en fonction des concentrations de $Al_2(SO_4)_3$ de l'eau synthétique (b)

D'après la courbe, la concentration optimale du coagulant pour l'eau synthétique (b) est de 1,2 g/L.

VI.2.2.2. Eau naturelle de Beauport

La figure ci-dessous représente l'évolution du rendement de la coagulation en fonction des masses d'$Al_2(SO_4)_3$ ajoutées à un litre d'échantillon de l'eau de Beauport brute.

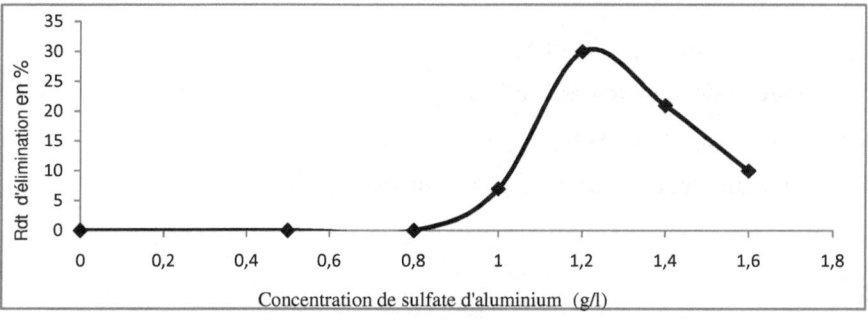

Figure 55 : Coubre d'évolution du rendement de la coagulation en fonction des concentrations d'$Al_2(SO_4)_3$ de l'eau de Beauport brute

D'après la courbe, la concentration optimale du coagulant pour l'eau naturelle de Beauport est de 1,2 g/L.

VI.2.2.3. Eau naturelle de Beauport contaminée par l'acide humique

La figure ci-dessous représente l'évolution du rendement de la coagulation en fonction des masses d'$Al_2(SO_4)_3$ ajoutées à un litre d'échantillon de l'eau de Beauport contaminée par 20 mg/L d'acide humique.

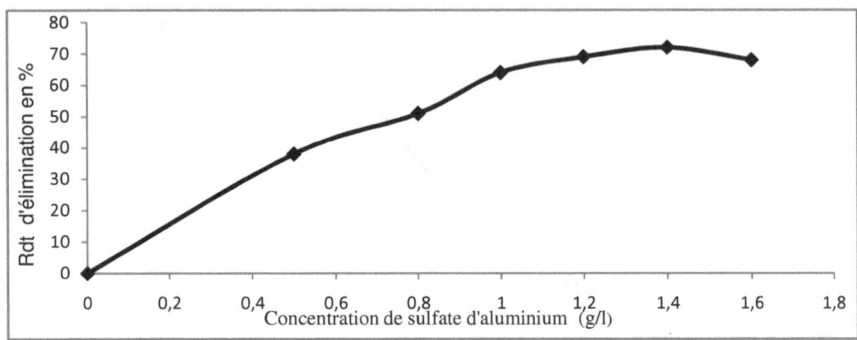

Figure 56: Coubre d'évolution du rendement de la coagulation en fonction des concentrations d'$Al_2(SO_4)_3$ de l'eau de Beauport contaminée par 20 mg/L d'acide humique

D'après la courbe, la concentration optimale du coagulant pour l'eau naturelle de Beauport contaminée par l'acide humique est de 1,4 g/L.

VI.2.3. Eaux de surface contaminées par les différents précurseurs

VI.2.3.1. Eau contaminée par le phénol

La figure ci-dessous représente l'évolution du rendement de la coagulation en fonction des masses d'$Al_2(SO_4)_3$ ajoutées à un litre d'échantillon de l'eau de Beauport contaminée par 500 µg/L de phénol avant chloration.

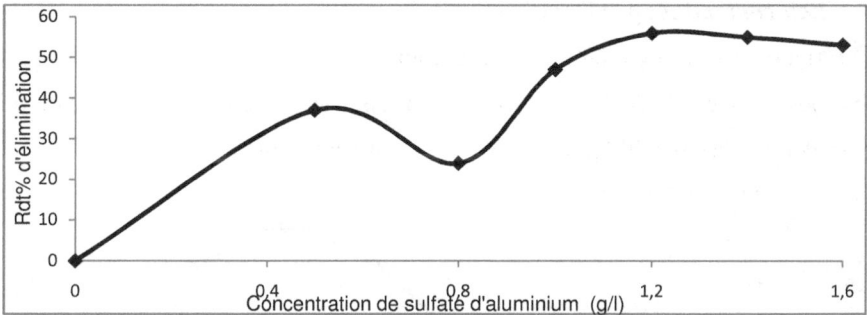

Figure 57: Coubre d'évolution du rendement de la coagulation en fonction des concentrations d'$Al_2(SO_4)_3$ de l'eau de Beauport contaminée par 500 µg/L de phénol avant chloration

D'après la courbe, la concentration optimale du coagulant pour l'eau naturelle de Beauport contaminée par le phénol est de 1,2 g/L.

VI.2.3.2. Eau contaminée par le résorcinol

La figure ci-dessous représente l'évolution du rendement de la coagulation en fonction des masses d'$Al_2(SO_4)_3$ ajoutées à un litre d'échantillon de l'eau de Beauport contaminée par 500 µg/L de résorcinol avant chloration.

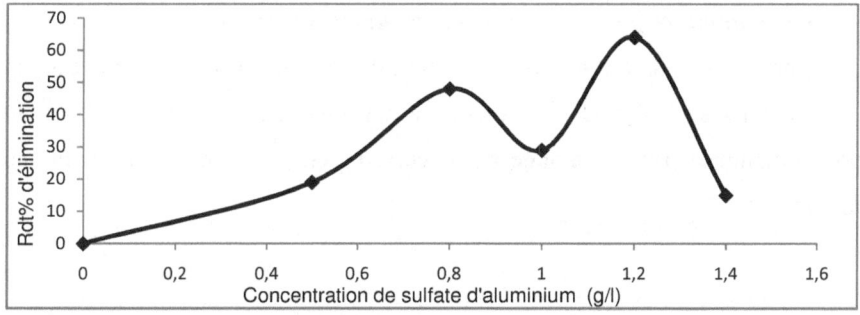

Figure 58: Coubre d'évolution du rendement de la coagulation en fonction des concentrations d'$Al_2(SO_4)_3$ de l'eau de Beauport contaminée par 500 µg/L de résorcinol avant chloration

D'après la courbe, la concentration optimale du coagulant pour l'eau naturelle de Beauport contaminée par le résorcinol est de 1,2 g/L.

VI.2.3.3. Eau contaminée par l'acétone

La figure ci-dessous représente l'évolution du rendement de la coagulation en fonction des masses d'Al$_2$(SO$_4$)$_3$ ajoutées à un litre d'échantillon de l'eau de Beauport contaminée par 500 µg/L d'acétone avant chloration.

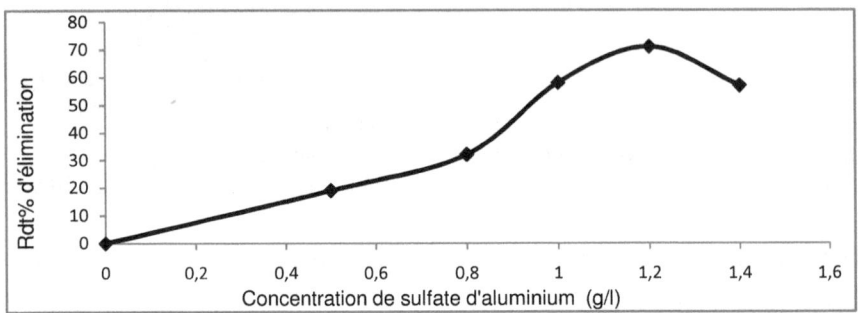

Figure 59: Coubre d'évolution du rendement de la coagulation en fonction des concentrations d'Al$_2$(SO$_4$)$_3$ de l'eau de Beauport contaminée par 500 µg/L d'acétone avant chloration

D'après la courbe, la concentration optimale du coagulant pour l'eau naturelle de Beauport contaminée par l'acétone est de 1,4 g/L.

VI.2.3.4. Eau contaminée par le mélange de précurseurs

La figure ci-dessous représente l'évolution du rendement de la coagulation en fonction des masses d'Al$_2$(SO$_4$)$_3$ ajoutées à un litre d'échantillon de l'eau de Beauport contaminée par le mélange de précurseurs en présence d'acide humique avant chloration.

CHEGGARI Karima Thèse de Doctorat National en Chimie de l'Eau et de l'Environnement

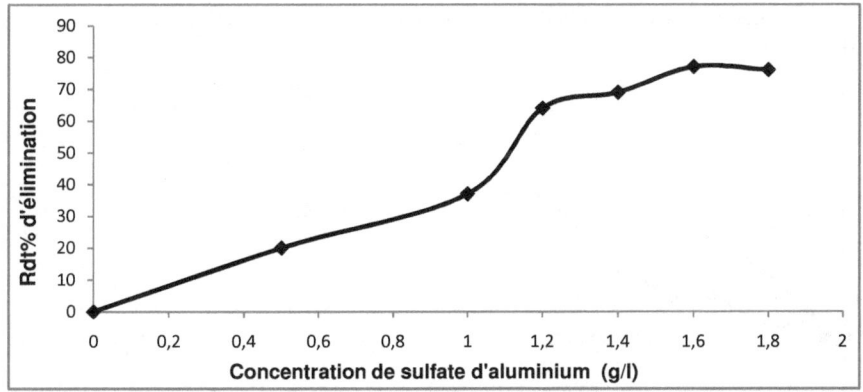

Figure 60: Coubre d'évolution du rendement de la coagulation en fonction des concentrations d'Al$_2$(SO$_4$)$_3$ de l'eau de Beauport contaminée par le mélange de précurseurs avant chloration

D'après la courbe, la concentration optimale du coagulant pour l'eau naturelle de Beauport contaminée par le mélange des précurseurs est de 1,6 g/L.

Comme nous avons déjà confirmé dans les chapitres précédents, ces eaux ont été traitées de deux manières, la première est celle du procédé appliqué à la station de production d'eau potable alimentant la ville de Casablanca au Maroc (chapitre II, III et IV).

La deuxième méthode consiste en une inversion des étapes de pré-chloration et de coagulation-floculation. Les eaux ainsi caractérisées ont été désinfectées en traçant la courbe de point de rupture, ce qui a permis de déterminer la demande en chlore au point de rupture des eaux coagulées en avance.

VI.3. Courbe de point de rupture des eaux coagulées

VI.3.1. Eaux contaminées par l'acide humique

VI.3.1.1. Eau naturelle de Beauport

La figure ci-dessous représente les courbes de point de rupture pour l'eau brute de Beauport avant et après coagulation.

155

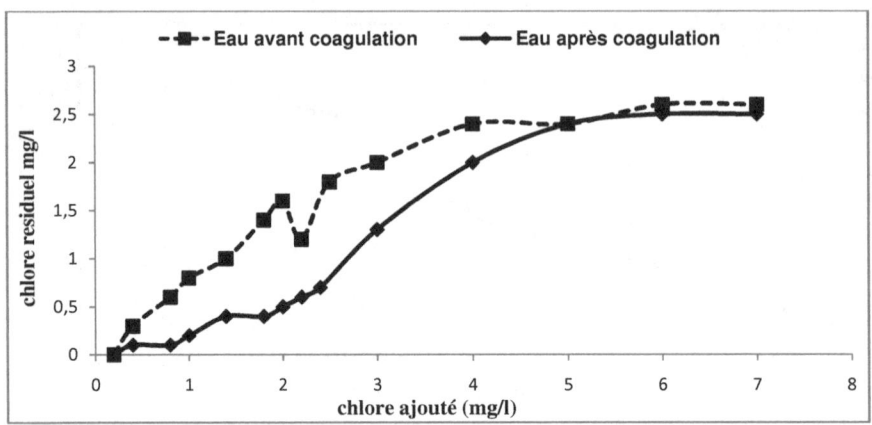

Figure 61: Courbes de point de rupture de l'eau de Beauport brute avant et après coagulation

D'après la figure, les résultats montrent que la demande en chlore et le chlore résiduel au point de rupture ont enregistré des faibles teneurs 1,8 et 0,4 mg/L pour l'eau coagulée avant la chloration par rapport à celles de l'eau directement chlorée 2,2 et 1,2 mg/L.

VI.3.1.2. Eau naturelle de Beauport contaminée par l'acide humique

La figure ci-dessous représente les courbes de point de rupture pour l'eau brute de Beauport avant et après coagulation.

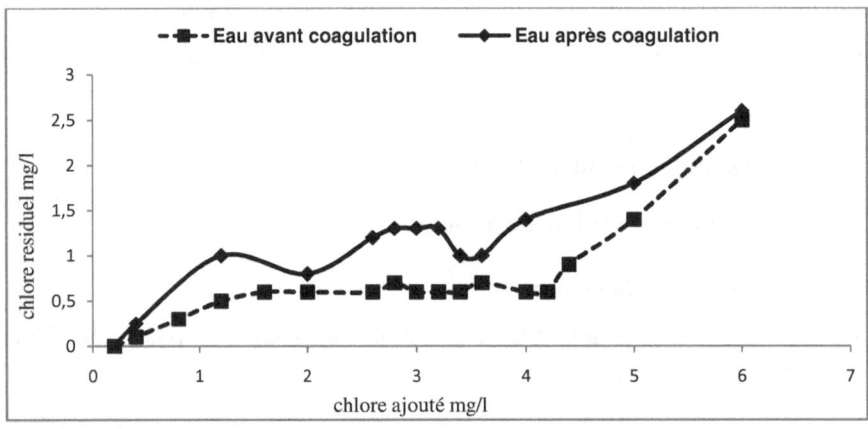

Figure 62: Courbes de point de rupture de l'eau de Beauport contaminée par l'acide humique avant et après coagulation

CHEGGARI Karima Thèse de Doctorat National en Chimie de l'Eau et de l'Environnement

De même pour le cas de la contamination par l'acide humique, les résultats ont montré que la demande en chlore et le chlore résiduel au point de rupture ont enregistré des faibles teneurs de 4 et 0,6 mg/L par rapport à celles de l'eau directement chlorée avec 3,4 et 1 mg/L.

VI.3.2. Eaux contaminées par les différents précurseurs

VI.3.2.1. Eau contaminée par le phénol

La figure ci-dessous représente les courbes de point de rupture pour l'eau brute de Beauport contaminée par 500 µg/L de phénol avant et après coagulation.

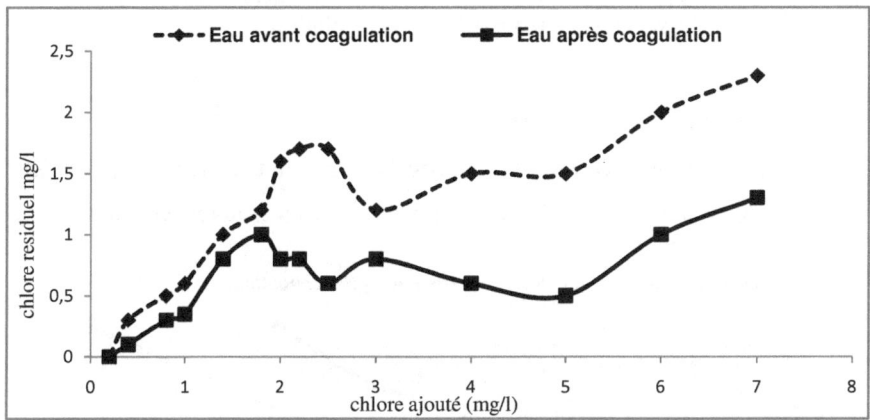

Figure 63: Courbe de point de rupture de l'eau contaminée par 500 µg/L de phénol avant et après coagulation

VI.3.2.2. Eau contaminée par le résorcinol

La figure ci-dessous représente les courbes de point de rupture pour l'eau brute de Beauport contaminée par 500 µg/L de résorcinol avant et après coagulation.

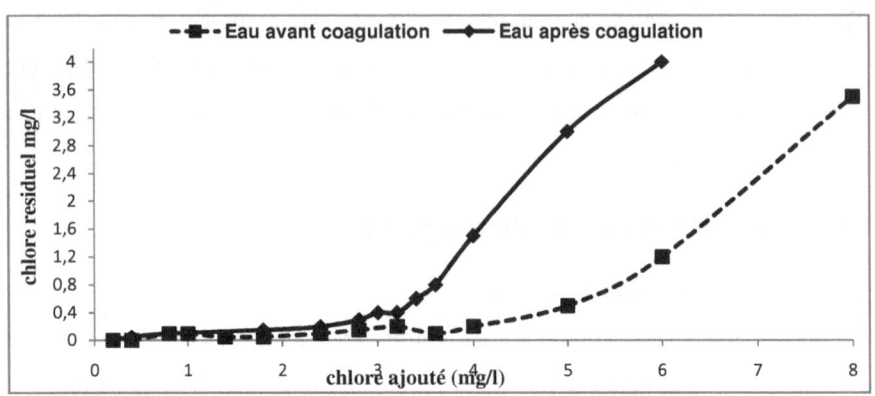

Figure 64: Courbe de point de rupture de l'eau contaminée par 500 µg/L de résorcinol avant et après coagulation

VI.3.2.3. Eau contaminée par l'acétone

La figure ci-dessous représente les courbes de point de rupture pour l'eau brute de Beauport contaminée par 500 µg/L d'acétone avant et après coagulation.

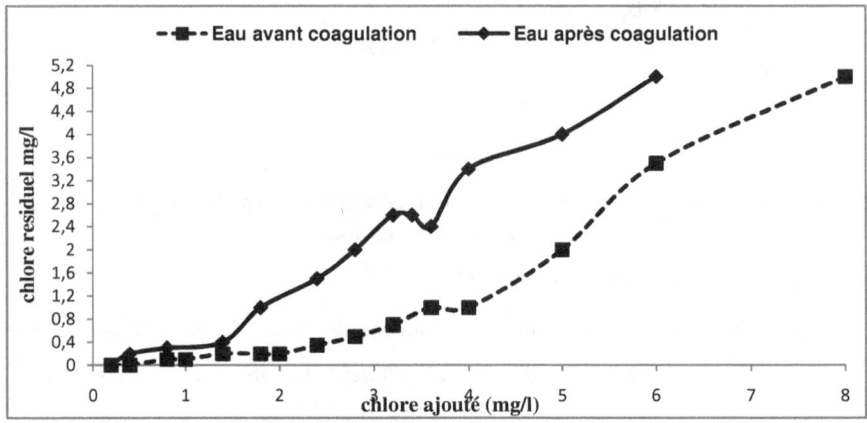

Figure 65: Courbe de point de rupture de l'eau contaminée par 500µg/l d'acétone avant et après coagulation

VI.3.2.4. Eau contaminée par le mélange de précurseurs

La figure ci-dessous représente les courbes de point de rupture pour l'eau brute de Beauport contaminée par le mélange de précurseurs avant et après coagulation

CHEGGARI Karima Thèse de Doctorat National en Chimie de l'Eau et de l'Environnement

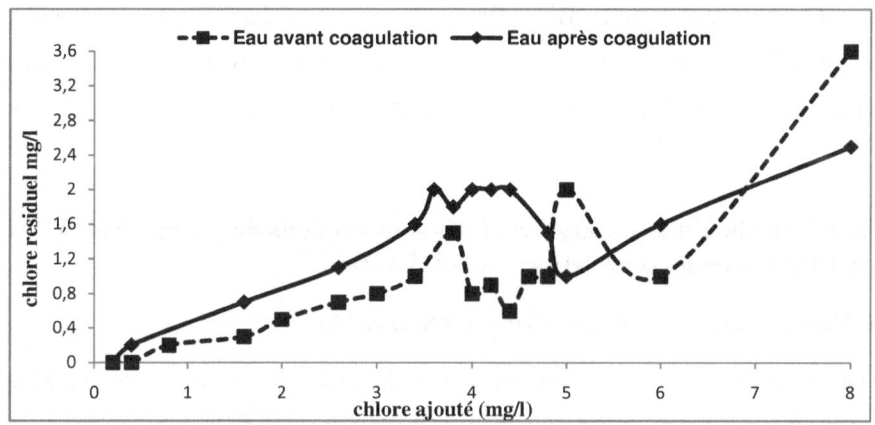

Figure 66: Courbe de point de rupture de l'eau contaminée par le mélange de précurseurs avant et après coagulation

De même, pour toutes les contaminations par les différents précurseurs, les résultats ont montré que la coagulation avant chloration fait diminuer la demande en chlore et le chlore résiduel au point de rupture, tous ces résultats sont résumés dans les tableaux de caractérisations de ces eaux (tableaux 25,26 et 27).

D'après ces tableaux, et ces courbes, les résultats montrent que la composition de la matière minérale reste quasi-stable pour tous les types d'eau après les différentes contaminations, et les différentes étapes de traitement. De même, la caractérisation des eaux contaminées est assez similaire, en terme minérale, à l'eau naturelle du barrage Oum Er Rbia. Par contre, la DCO et le COT varient en fonction du type de la contamination (précurseur).

De même, les résultats ont montré que la DCO et le COT augmentent en fonction de la nature des précurseurs et donnent des valeurs plus élevées pour le phénol par rapport au résorcinol et l'acétone.

Aussi, les résultats ont montré que la demande en chlore et la concentration en coagulant varient dans le même sens que la DCO et le COT.

Afin de connaître l'effet de la chloration avant et après coagulation en présence de différentes pollutions, sur la formation des THMs et COX, les eaux naturelles du

CHEGGARI Karima Thèse de Doctorat National en Chimie de l'Eau et de l'Environnement

barrage d'Oum Er Rbia et de la rivière Beauport ont été traitées après contamination. Un suivi des THMs, des COX et des produits phénoliques (dans le cas de l'eau contaminée par le phénol) a été réalisé à chaque étape de la filière de traitement.

VI.4. Détermination des précurseurs et des sous-produits de désinfection (THM et COX) des eaux coagulées avant la chloration

VI.4.1. Eaux naturelles de Bouregreg et d'Oum Erbia

Le tableau ci-dessous présente les teneurs des précurseurs stables, des THM et des COX obtenues pour les eaux naturelles de Bouregreg, et Oum Erbia avant et après coagulation :

Tableau 28 : Teneurs des précurseurs, des THM et des COX pour les eaux de Bouregreg et d'Oum Erbia avant et après coagulation

Substances mesurées	unité	Eau de bouregreg avant coagulation	Eau de bouregreg après coagulation	Eau d'Oum Erbia avant coagulation	Eau d'Oum Erbia après coagulation
Chloroforme	µg/L	**26**	**1.9**	**54**	**11**
Bromodichlorométhane	µg/L	**14**	**0.70**	**44**	**1.5**
Dibromochlorométhane	µg/L	**5.6**	**0.48**	**28**	**0.80**
Bromoforme	µg/L	**0.56**	**0.15**	**3.0**	**0.15**
Sommation des THM	µg/L	**46.16**	**3.23**	**129**	**14.8**
1,4-Dichlorobenzène	µg/L	**15**	**2.5**	**95**	**82**
Chlorure de vinyle	µg/L	<0.2	<0.2	<0.2	<0.2
1,1-Dichloroéthène	µg/L	<0.10	<0.10	<0.10	<0.10
Dichlorométhane	µg/L	<0.9	<0.9	<0.9	<0.9
1,2-Dichloroéthène [trans]	µg/L	<0.10	<0.10	<0.10	<0.10
1,1-Dichloroéthane	µg/L	<0.10	<0.10	<0.10	<0.10
1,2-Dichloroéthène [cis]	µg/L	<0.10	<0.10	<0.10	<0.15
1,2-Dichloroéthènes (cis+trans)	µg/L	<0.1	<0.1	<0.1	<0.15
1,1,1-Trichloroéthane	µg/L	<0.10	<0.10	<0.10	<0.10
Tétrachlorure de carbone	µg/L	<0.10	<0.10	<0.10	<0.10
1,2-Dichloroéthane	µg/L	<0.10	<0.10	<0.10	<0.10
Benzène	µg/L	<0.50	<0.2	<0.2	<0.2
Trichloroéthène (TCE)	µg/L	<0.10	<0.10	<0.10	<0.10
1,2-Dichloropropane	µg/L	<0.10	<0.1 0	<0.10	<0.1 0
1,3-Dichloropropène [cis]	µg/L	<0.10	<0.10	<0.10	<0.10
Toluène	µg/L	**1.2**	**0.18**	**1.5**	**1.5**
1,3-Dichloropropène [trans]	µg/L	<0.10	<0.10	<0.10	<0.10
1,3-Dichloropropènes (cis+trans)	µg/L	<0.1	<0.1	<0.1	<0.1
1,1,2-Trichloroéthane	µg/L	<0.10	<0.10	<0.10	<0.10
1,3-Dichloropropane	µg/L	<0.10	<0.10	<0.10	<0.10
Tétrachloroéthène	µg/L	<0.10	<0.10	<0.10	<0.10
Chlorobenzène	µg/L	<0.10	<0.10	<0.10	<0.10
Éthylbenzène	µg/L	<0.10	<0.10	<0.10	<0.10
m- et p-Xylènes	µg/L	<0.2	<0.2	<0.2	<0.2
o-Xylène	µg/L	<0.10	<0.10	<0.10	<0.10
Xylènes(sommation o+m+p)	µg/L	<0.2	<0.2	<0.2	<0.2
Styrène	µg/L	<0.10	<0.10	<0.10	<0.10
1,1,2,2-Tétrachloroéthane	µg/L	<0.10	<0.10	<0.10	<0.10
1,3,5-Triméthylbenzène	µg/L	<0.10	<0.10	<0.10	<0.10
1,2,4-Triméthylbenzène	µg/L	<0.10	<0.10	<0.10	<0.10
1,3-Dichlorobenzène	µg/L	<0.2	<0.2	<0.2	<0.2
1,2,3-Triméthylbenzène	µg/L	<0.10	<0.10	<0.10	<0.10

CHEGGARI Karima Thèse de Doctorat National en Chimie de l'Eau et de l'Environnement

1,2-Dichlorobenzène	µg/L	<0.10	<0.10	<0.10	<0.10

D'après les résultats, on voit que les concentrations des THM suivants : le chloroforme, le bromodichlorométhane, le dibromochlorométhane, et le bromoforme ont diminué d'une manière très remarquable en appliquant l'étape de coagulation avant la désinfection par le chlore.

De même, pour les COX, la concentration de 1,4-dichlorobenzène a nettement diminué.

Ce qui s'explique par le fait que la coagulation avant chloration fait diminuer d'une manière importante les teneurs des THM, et les COX.

Cette diminution est due à l'élimination des substances polluantes lors de la coagulation.

VI.4.2. Eaux contaminées par l'acide humique

VI.4.2.1. Eaux synthétiques

Le tableau ci-dessous présente les teneurs des précurseurs stables, des THM et des COX obtenus pour les eaux synthétiques (a) et (b) avant et après coagulation :

Tableau 29: Teneurs des précurseurs, des THM et des COX pour les eaux synthétiques(a) et (b) avant et après coagulation

Substances mesurées	unité	Eau (a) avant coagulation	Eau (a) après coagulation	Eau (b) avant coagulation	Eau (b) après coagulation
Chlorure de vinyle	µg/L	<0.2	<0.2	<0.2	<0.2
1,1-Dichloroéthène	µg/L	<0.10	<0.10	<0.10	<0.10
Dichlorométhane	µg/L	**2,2**	**2,1**	**2,2**	**1,7**
1,2-Dichloroéthène [trans]	µg/L	<0.10	<0.10	<0.10	<0.10
1,1-Dichloroéthane	µg/L	<0.10	<0.10	<0.10	<0.10
1,2-Dichloroéthène [cis]	µg/L	<0.10	<0.10	<0.10	<0.10
1,2-Dichloroéthènes (cis+trans)	µg/L	<0.1	<0.1	<0.1	<0.1
Chloroforme	µg/L	**2.8**	**12**	**30**	**6,4**
1,1,1-Trichloroéthane	µg/L	<0.10	<0.10	<0.10	<0.10
Tétrachlorure de carbone	µg/L	<0.10	<0.10	<0.10	<0.10
1,2-Dichloroéthane	µg/L	<0.10	<0.10	<0.10	<0.10
Benzène	µg/L	<0.2	<0.2	<0.2	<0.2
Trichloroéthène (TCE)	µg/L	<0.10	<0.10	<0.10	<0.10
1,2-Dichloropropane	µg/L	<0.10	<0.1 0	<0.10	<0.1 0
Bromodichlorométhane	µg/L	**0.14**	**0.85**	**0.27**	**0.19**
1,3-Dichloropropène [cis]	µg/L	<0.10	<0.10	<0.10	<0.10
Toluène	µg/L	<0.10	<0.10	<0.10	<0.10
1,3-Dichloropropène [trans]	µg/L	<0.10	<0.10	<0.10	<0.10
1,3-Dichloropropènes (cis+trans)	µg/L	<0.1	<0.1	<0.1	<0.1
1,1,2-Trichloroéthane	µg/L	<0.10	<0.10	<0.10	<0.10
1,3-Dichloropropane	µg/L	<0.10	<0.10	<0.10	<0.10
Tétrachloroéthène	µg/L	<0.10	<0.10	<0.10	<0.10
Dibromochlorométhane	µg/L	<0.10	0.11	<0.10	0.11
Chlorobenzène	µg/L	<0.10	<0.10	<0.10	<0.10
Éthylbenzène	µg/L	<0.10	<0.10	<0.10	<0.10
m- et p-Xylènes	µg/L	<0.2	<0.2	<0.2	<0.2
o-Xylène	µg/L	<0.10	<0.10	<0.10	<0.10
Xylènes(sommation o+m+p)	µg/L	<0.2	<0.2	<0.2	<0.2
Styrène	µg/L	<0.10	<0.10	<0.10	<0.10
Bromoforme	µg/L	<0.10	<0.10	<0.10	<0.10
1,1,2,2-Tétrachloroéthane	µg/L	<0.10	<0.10	<0.10	<0.10
1,3,5-Triméthylbenzène	µg/L	<0.10	<0.10	<0.10	<0.10
1,2,4-Triméthylbenzène	µg/L	<0.10	<0.10	<0.10	<0.10
1,3-Dichlorobenzène	µg/L	<0.2	<0.2	<0.2	<0.2
1,2,3-Triméthylbenzène	µg/L	<0.10	<0.10	<0.10	<0.10
1,4-Dichlorobenzène	µg/L	<0.10	<0.10	<0.10	<0.15
1,2-Dichlorobenzène	µg/L	<0.10	<0.10	<0.10	<0.10

D'après ces résultats, nous avons constaté que la coagulation avant chloration n'a fait diminuer que la teneur en chloroforme pour l'eau synthétique (b).

Nous constatons, contrairement aux eaux naturelles, que la coagulation avant chloration n'a aucun effet positif sur la diminution des THM, et des COX pour les eaux synthétiques.

De même, si nous comparons ces résultats à ceux obtenus pour les eaux naturelles, on constate que ces dernières, étant polluées par des substances anthropiques, nécessitent une coagulation avant chloration afin de minimiser la formation des sous-produits, et en particulier les THM et COX.

Nous avons constaté de même, que la nature et la teneur de la matière organique à un effet très négatif sur la désinfection de ces eaux par le chlore.

D'autre part, les résultats obtenus pour les eaux synthétiques, ont montré que la présence de l'acide humique comme source de matière organique génère plus de THM (le chloroforme) et de faible teneurs en COX ce qui s'explique par la nature de l'acide humique qui est facilement oxydable par le chlore . Pour les eaux naturelles contaminées par l'acide humique, les principaux THMs déterminés sont : le chloroforme ($CHCl_3$), le bromoforme ($CHBr_3$), le dibromochlorométhane ($CHBr_2Cl$) et le bromodichlorométhane ($CHBrCl_2$).

VI.4.2.2. Eaux naturelles de Beauport

Le tableau ci-dessous présente les teneurs en chloroforme, bromoforme, bromodichlorométhane, dibromochlorométhane et la sommation de THM en µg/l identifiées dans l'eau de Beauport avec et sans contamination, traitées et chlorées après coagulation.

CHEGGARI Karima Thèse de Doctorat National en Chimie de l'Eau et de l'Environnement

Tableau 30 : Teneurs en chloroforme, bromoforme, bromodichlorométhane, dibromochlorométhane et la sommation de THM en (µg/L) dans les eaux traitées et coagulées avant chloration

Substances mesurés	unité	Eau sans contamination		Eau contaminée par 20 mg/l d'acide humique	
		Eau traitée	Eau chlorée après coagulation	Eau traitée	Eau chlorée après coagulation
Chloroforme	µg/L	12	12	20	3.9
Bromodichlorométhane	µg/L	2.5	0.89	4.1	0.77
Dibromochlorométhane	µg/L	0.43	<0.10	0.62	0.23
Bromoforme	µg/L	<0.10	<0.10	<0.10	<0.10
sommation de THM	µg/L	14	13	4.9	4.7

Les résultats ont montré que le THM le plus formé est le chloroforme suivi par le bromodichlorométhane, ce qui est déjà montré pour le cas des eaux naturelles marocaines. De même, les résultats ont montré que la coagulation avant la chloration élimine une teneur importante en matière organique (précurseurs) qui réagit avec le chlore et entraîne la formation des THM. Cela est prouvé par la nette diminution des teneurs de THM dans le cas ou la chloration se fait après la coagulation.

VI.4.3. Eaux contaminées par les différents précurseurs

VI.4.3.1. Détermination des produits phénoliques et THM pour l'eau contaminée par le phénol

Le tableau ci-dessous présente les concentrations en trihalométhanes et produits phénoliques dans les eaux contaminées par 500 µg/L de phénol selon les deux manières de traitement chloration avant coagulation (eau traitée), et après coagulation.

Tableau 31 : Concentrations (µg/L) des trihalométhanes THM et des produits phénolique dans les eaux contaminées par 500µg/L de phénol selon les deux manières de traitement

Paramètres	unité	Eau contaminée par 500 µg/L de phénol	
		Eau traitée	Eau chlorée après coagulation
Chloroforme	µg/L	**8.0**	4.2
Bromodichlorométhane	µg/L	**0.70**	**0.24**
Dibromochlorométhane	µg/L	<0.10	<0.10
Bromoforme	µg/L	<0.10	<0.10
Sommation des THM	µg/L	**8.7**	**4.5**
Phénol	µg/L	**400**	**400**
o-Crésol	µg/L	<0.4	<0.4
m-Crésol	µg/L	<0.3	<0.3
p-Crésol	µg/L	<0.4	<0.4
2-Chlorophénol	µg/L	**63**	**72**
3-Chlorophénol	µg/L	<0.3	<0.3
4-Chlorophénol	µg/L	**44**	**28**
2,4-Diméthylphénol	µg/L	<0.3	<0.3
2,6-Dichlorophénol	µg/L	**40**	**12**
2,4- et 2,5-Dichlorophénols	µg/L	**12**	**18**
3,5-Dichlorophénol	µg/L	<0.3	<0.3
2,3-Dichlorophénol	µg/L	<0.3	<0.3
2-Nitrophénol	µg/L	<0.3	<0.3
3,4-Dichlorophénol	µg/L	<0.3	<0.3
2,4,6-Trichlorophénol	µg/L	**18**	**13**
4-Nitrophénol	µg/L	<0.4	<0.4
2,3,6-Trichlorophénol	µg/L	<0.3	<0.3
2,3,5-Trichlorophénol	µg/L	<0.3	<0.3
2,4,5-Trichlorophénol	µg/L	<0.3	<0.3
2,3,4-Trichlorophénol	µg/L	<0.3	<0.3
3,4,5-Trichlorophénol	µg/L	<0.4	<0.4
2,3,5,6-Tétrachlorophénol	µg/L	<0.4	<0.4
2,3,4,6-Tétrachlorophénol	µg/L	<0.3	<0.3
2,3,4,5-Tétrachlorophénol	µg/L	<0.3	<0.3
Pentachlorophénol	µg/L	<0.3	<0.3

D'après les résultats, l'eau contaminée par le phénol et traitée par la méthode basée sur la pré-chloration directe suivie d'une coagulation, puis filtration sur sable et

166

se terminant par une post-chloration, contient des concentrations en THM inférieures à celles mesurées pour l'eau traitée d'Oum Erbia (tableau 28). De même, les résultats ont montré que les eaux ayant subi les trois scénarios de traitement présentent des teneurs importantes en produits phénoliques par rapport aux THM (phénol, 2-chlorophénol ; 4-chlorophénol ; 2,4 ,2,5 et 2,6-dichlorophénol).

De plus, les résultats ont montré que la coagulation avant la chloration a un effet important sur la diminution des THM et aussi sur la plupart des produits phénoliques. Le chloroforme, le bromodichlorométhane, le 4-chlorophénol, le 2,6-dichlorophénol ont diminué d'environ la moitié pour l'eau traitée (chlorée après la coagulation) par rapport à l'eau chlorée avant la coagulation. Cette élimination d'une fraction des précurseurs de THM peut être expliquée par adsorption du phénol sur les hydroxydes de métaux (Guergazi et Achour, 2005).

VI.4.3.2. Détermination des, THM et COX pour l'eau contaminée par le résorcinol

Le tableau ci-dessous présente les concentrations en trihalométhanes et produits phénoliques dans les eaux contaminées par 500 µg/L de résorcinol selon les deux manières de traitement chloration avant coagulation (eau traitée), et après coagulation.

Tableau 32: Concentrations (µg/L) des trihalométhanes THM et des produits phénolique dans les eaux contaminées par 500 µg/L de résorcinol selon les deux manières de traitement

Paramètres	unité	Eau contaminée par 500 µg/L de résorcinol	
		Eau traitée	Eau chlorée après coagulation
Chloroforme	µg/L	**610**	**9.3**
Bromodichlorométhane	µg/L	**12**	**<0.10**
Dibromochlorométhane	µg/L	0.39	<0.10
Bromoforme	µg/L	<0.10	<0.10
Sommation des THM	µg/L	**622**	**9.3**
Chlorure de vinyle	µg/L	<0.2	<0.2
1,1-Dichloroéthène	µg/L	<0.10	<0.10
Dichlorométhane	µg/L	**8.0**	**40**
1,2-Dichloroéthène [trans]	µg/L	<0.10	<0.10
1,1-Dichloroéthane	µg/L	<0.10	<0.10
1,2-Dichloroéthène [cis]	µg/L	<0.10	<0.10
1,2-Dichloroéthènes (cis+trans)	µg/L	<0.10	<0.10
1,1,1-Trichloroéthane	µg/L	<0.10	<0.10
Tétrachlorure de carbone	µg/L	<0.10	<0.10
1,2-Dichloroéthane	µg/L	<0.10	<0.10
Benzène	µg/L	<0.2	<0.2
Trichloroéthène (TCE)	µg/L	<0.10	<0.10
1,2-Dichloropropane	µg/L	<0.10	<0.10
1,3-Dichloropropène [cis]	µg/L	<0.10	<0.10
Toluène	µg/L	<0.10	0.14
1,3-Dichloropropène [trans]	µg/L	<0.10	<0.10
1,3-Dichloropropènes (cis+trans)	µg/L	<0.10	<0.10
1,1,2-Trichloroéthane	µg/L	<0.10	<0.10
1,3-Dichloropropane	µg/L	<0.10	<0.10
Tétrachloroéthène	µg/L	<0.10	<0.10
Chlorobenzène	µg/L	<0.10	<0.10
Éthylbenzène	µg/L	<0.10	<0.10
m- et p-Xylènes	µg/L	<0.2	<0.2
o-Xylène	µg/L	<0.10	<0.10
Xylènes (sommation o+m+p)	µg/L	<0.2	<0.2
Styrène	µg/L	<0.10	<0.10
1,1,2,2-Tétrachloroéthane	µg/L	0.39	<0.10
1,3,5-Triméthylbenzène	µg/L	<0.10	<0.10
1,2,4-Triméthylbenzène	µg/L	<0.10	<0.10

1,3-Dichlorobenzène	µg/L	<0.2	<0.2
1,2,3-Triméthylbenzène	µg/L	0.39	<0.10
1,4-Dichlorobenzène	µg/L	<0.10	<0.10
1,2-Dichlorobenzène	µg/L	<0.10	<0.10

Les résultats ont montré que l'eau contaminée par le résorcinol entraîne des valeurs très élevées en chloroforme pour l'eau préchlorée et l'eau traitée (chloration suivie de la coagulation). La coagulation avant la chloration a fait diminuer d'une manière très importante la teneur en chloroforme, elle est passée de 610 µg/L pour l'eau préchlorée/coagulée à 9.3 µg/L pour l'eau coagulée/chlorée.

Ces résultats indiquent que, le résorcinol s'élimine plus facilement (par coagulation) que les THMs formés. En fait, lors de la chloration le résorcinol réagit avec le chlore et induit la formation de THMs (Doré, 1989), lesquels sont plus hydrophiles (plus polaires) que le précurseur. Les composés hydrophiles sont difficilement éliminés par coagulation que les composés hydrophobes. Les THMs s'adsorbent moins sur les hydroxydes métalliques. Ces résultats indiquent également qu'il existe une grande affinité entre le résorcinol et les hydroxydes métalliques générés lors du processus de coagulation.

VI.4.3.3. Détermination des THM et COX pour l'eau contaminée par l'acétone

Le tableau ci-dessous présente les concentrations en trihalométhanes et produits phénoliques dans les eaux contaminées par 500 µg/L d'acétone selon les deux manières de traitement chloration avant coagulation (eau traitée) et après coagulation.

Tableau 33: Concentrations (µg/L) des trihalométhanes THM et des produits phénolique dans les eaux contaminées par 500 µg/L d'acétone selon les deux manières de traitement

Paramètres	unité	Eau contaminée par 500µg/l d'acétone	
		Eau traitée	Eau chlorée après coagulation
Chloroforme	µg/L	**88**	**22**
Bromodichlorométhane	µg/L	**11**	**0.84**
Dibromochlorométhane	µg/L	0.96	<0.10
Bromoforme	µg/L	<0.10	<0.10
Sommation des THM	µg/L	**99**	**22.84**
Chlorure de vinyle	µg/L	<0.2	<0.2
1,1-Dichloroéthène	µg/L	<0.10	<0.10
Dichlorométhane	µg/L	**5.6**	**4**
1,2-Dichloroéthène [trans]	µg/L	<0.10	<0.10
1,1-Dichloroéthane	µg/L	<0.10	<0.10
1,2-Dichloroéthène [cis]	µg/L	<0.10	<0.10
1,2-Dichloroéthènes (cis+trans)	µg/L	<0.10	<0.10
1,1,1-Trichloroéthane	µg/L	<0.10	<0.10
Tétrachlorure de carbone	µg/L	<0.10	<0.10
1,2-Dichloroéthane	µg/L	<0.10	<0.10
Benzène	µg/L	<0.2	<0.2
Trichloroéthène (TCE)	µg/L	<0.10	<0.10
1,2-Dichloropropane	µg/L	<0.10	<0.10
1,3-Dichloropropène [cis]	µg/L	<0.10	<0.10
Toluène	µg/L	<0.10	0.14
1,3-Dichloropropène [trans]	µg/L	<0.10	<0.10
1,3-Dichloropropènes (cis+trans)	µg/L	<0.10	<0.10
1,1,2-Trichloroéthane	µg/L	<0.10	<0.10
1,3-Dichloropropane	µg/L	<0.10	<0.10
Tétrachloroéthène	µg/L	<0.10	<0.10
Chlorobenzène	µg/L	<0.10	<0.10
Éthylbenzène	µg/L	<0.10	<0.10
m- et p-Xylènes	µg/L	<0.2	<0.2
o-Xylène	µg/L	<0.10	<0.10
Xylènes (sommation o+m+p)	µg/L	<0.2	<0.2
Styrène	µg/L	<0.10	<0.10
1,1,2,2-Tétrachloroéthane	µg/L	<0.10	<0.10
1,3,5-Triméthylbenzène	µg/L	<0.10	<0.10
1,2,4-Triméthylbenzène	µg/L	<0.10	<0.10
1,3-Dichlorobenzène	µg/L	<0.2	<0.2

1,2,3-Triméthylbenzène	µg/L	<0.10	<0.10
1,4-Dichlorobenzène	µg/L	<0.10	<0.10
1,2-Dichlorobenzène	µg/L	<0.10	<0.10

Les résultats ont montré que les eaux contaminées par l'acétone contiennent des concentrations importantes en chloroforme et bromodichlorométhane. Ces résultats se situent entre les concentrations mesurées dans le cas de l'eau contaminée par le phénol et le résorcinol.

Afin d'étudier des eaux brutes représentatives et proche de celles servant à l'alimentation en eau potable la ville de Casablanca, l'eau de la rivière Beauport a été contaminée par un mélange de 500 µg/L de différents précurseurs, soient le phénol, le résorcinol et l'acétone. De plus, un apport de 20 mg/L d'acide humique a été effectué afin de simuler la matière organique naturelle.

VI.4.3.2. Détermination des THM et COX pour l'eau contaminée par le mélange de précurseurs

Le tableau ci-dessous présente les concentrations en THM et produits phénoliques dans les eaux contaminées par le mélange de précurseurs selon les deux manières de traitement chloration avant coagulation (eau traitée), et après coagulation.

CHEGGARI Karima Thèse de Doctorat National en Chimie de l'Eau et de l'Environnement

Tableau 34: Concentrations (µg/L) des trihalométhanes THM et des produits phénoliques dans les eaux contaminées par le mélange de précurseurs selon les deux manières de traitement

Paramètres	unité	Eau contaminée par tous les précurseurs	
		Eau traitée	Eau chlorée après coagulation
Chloroforme	µg/L	**340**	**100**
Bromodichlorométhane	µg/L	**2.7**	**1.7**
Dibromochlorométhane	µg/L	<0.10	<0.10
Bromoforme	µg/L	<0.10	<0.10
Sommation des THM	µg/L	**342.7**	**101.7**
Chlorure de vinyle	µg/L	<0.2	<0.2
1,1-Dichloroéthène	µg/L	<0.10	<0.10
Dichlorométhane	µg/L	**5.3**	**4.6**
1,2-Dichloroéthène [trans]	µg/L	<0.10	<0.10
1,1-Dichloroéthane	µg/L	<0.10	<0.10
1,2-Dichloroéthène [cis]	µg/L	<0.10	<0.10
1,2-Dichloroéthènes (cis+trans)	µg/L	<0.10	<0.10
1,1,1-Trichloroéthane	µg/L	<0.10	<0.10
Tétrachlorure de carbone	µg/L	<0.10	<0.10
1,2-Dichloroéthane	µg/L	<0.10	<0.10
Benzène	µg/L	0.20	0.20
Trichloroéthène (TCE)	µg/L	<0.10	<0.10
1,2-Dichloropropane	µg/L	<0.10	<0.10
1,3-Dichloropropène [cis]	µg/L	<0.10	<0.10
Toluène	µg/L	<0.10	<0.10
1,3-Dichloropropène [trans]	µg/L	<0.10	<0.10
1,3-Dichloropropènes (cis+trans)	µg/L	<0.10	<0.10
1,1,2-Trichloroéthane	µg/L	<0.10	<0.10
1,3-Dichloropropane	µg/L	<0.10	<0.10
Tétrachloroéthène	µg/L	<0.10	<0.10
Chlorobenzène	µg/L	<0.10	<0.10
Éthylbenzène	µg/L	<0.10	<0.10
m- et p-Xylènes	µg/L	<0.2	<0.2
o-Xylène	µg/L	<0.10	<0.10
Xylènes (sommation o+m+p)	µg/L	<0.2	<0.2
Styrène	µg/L	<0.10	<0.10
1,1,2,2-Tétrachloroéthane	µg/L	<0.10	<0.10
1,3,5-Triméthylbenzène	µg/L	<0.10	<0.10
1,2,4-Triméthylbenzène	µg/L	<0.10	<0.10
1,3-Dichlorobenzène	µg/L	<0.2	<0.2
1,2,3-Triméthylbenzène	µg/L	<0.10	<0.10

CHEGGARI Karima Thèse de Doctorat National en Chimie de l'Eau et de l'Environnement

1,4-Dichlorobenzène	µg/L	<0.10	<0.10
1,2-Dichlorobenzène	µg/L	<0.10	<0.10

Le tableau ci-dessus montre les concentrations en THM et COX dans les eaux contaminées par les différents précurseurs. Les résultats ont montré qu'en présence de tous ces précurseurs, le chloroforme formé a une concentration inférieure à celle enregistrée dans l'eau contaminée par le résorcinol seul.

Par contre, ces résultats ont montré qu'en présence de tous les précurseurs dans l'eau, le dichlorométhane formé présente une concentration plus élevée que dans le cas de l'eau contaminée par le résorcinol seul. Aussi, on constate que la coagulation avant la chloration diminue d'une manière importante la formation de THMs. De même, les résultats ont montré que la coagulation avant la chloration a un effet important sur l'élimination des précurseurs, ce qui est confirmé par une diminution d'environ 75% de la formation du chloroforme et des THM.

Doré (1989) a déjà montré que le résorcinol est facilement et rapidement oxydable par le chlore, alors que le phénol est difficilement oxydable, et l'acétone et moyennement oxydable par le chlore, ce qui est confirmé dans la présente étude par les teneurs élevées de THM et chloroforme détectées pour le résorcinol, lesquelles sont plus élevées par rapport à celles détectées dans les eaux contaminées par le phénol et l'acétone.

Pour le chloroforme, le bromodichlorométhane et le dichlorométhane, les résultats montrent que quelle que soit la nature des précurseurs et le type de pollution, la coagulation avant la chloration fait diminuer d'une manière considérable la formation des THM, ce qui est clairement démontré par les faibles concentrations détectées en THM. Ceci peut s'expliquer par l'élimination d'une partie de la matière organique (précurseurs) par la coagulation, alors que dans le cas où la pré-chloration se fait en premier lieu (cas du procédé de traitement appliqué au Maroc), le chlore attaque directement la matière organique présente dans l'eau et oxyde les précurseurs qui ont une affinité vis-à-vis du chlore (cas du résorcinol), ce qui augmente les teneurs en THM formées lors du traitement.

173

Conclusion

Dans ce chapitre, pour le chloroforme, le bromodichlorométhane et le dichlorométhane, les résultats montrent que peu importe la nature de précurseurs et le type de la pollution, la coagulation avant la chloration fait diminué d'une manière extrêmement importantes la formation de ces THM, ce qui est clairement démontré par les faibles concentrations détectés en THM. Ceci peut s'expliquer par l'élimination de la matière organique (précurseurs) par la coagulation, alors dans le cas ou la préchloration se fait en premier lieu (cas du procédé de traitement appliqué au Maroc), le chlore attaque directement la matière organique présente dans l'eau et oxyde les précurseurs qui ont une affinité vis-à-vis du chlore (cas du résorcinol) ce qui augmente les teneurs en THM formées lors du traitement.

CHEGGARI Karima Thèse de Doctorat National en Chimie de l'Eau et de l'Environnement

CONCLUSION GÉNÉRALE ET PERSPECTIVES

Sachant que le chlore, dans sa réaction avec la matière organique facilement oxydable (cas des eaux synthétiques), donne naissance aux THM représentés par le chloroforme.

Et par contre si la matière organique est difficilement oxydable par le chlore (cas des eaux naturelles), la chloration génère plus des COX.

Dans cette étude, nous avons travaillé sur des eaux naturelles servant à l'alimentation de la ville de Casablanca au Maroc, et nous avons suivi les caractéristiques de ses eaux de la station de traitement et jusqu'au réservoir de stockage à l'entrée et à la sortie et même chez le consommateur. Sachant que l'injection du chlore se fait en plusieurs étapes, à la station de traitement, à l'entrée et à la sortie du réservoir de stockage, il nous ait paru intéressant de suivre la formation des sous-produits de désinfection (THM) pendant ces différentes étapes.

De même, nous avons travaillé sur des eaux naturelles similaires aux eaux marocaines, contaminées par différents précurseurs (matière organique) et traitées selon le procédé de traitement adopté par les producteurs d'eaux au Maroc.

On peut déduire que la chloration des eaux riches en matière organique (DCO et COT élevé), facilement oxydable ou difficilement oxydable par le chlore tells que les eaux naturelles polluées constituent un danger pour la production de l'eau potable et surtout si les procédés de traitement d'eau potable commencent par sa chloration.

Les résultats de cette étude confirment que la désinfection par le chlore pendant les différentes étapes de traitement des eaux potables, et que l'injection du chlore dans les réservoirs de stockage et dans le réseau de distribution d'eau potable, génère la formation de quantité importante de THM. De plus, le temps de séjour joue aussi un rôle très important dans la stabilisation et l'augmentation des teneurs de ces THM et, en particulier, pour le chloroforme, le bromodichlorométhane, et le dibromochlorométhane qui sont des substances très toxiques.

Les travaux de la présente étude montrent aussi que la formation des THM et COX dépend de la nature de la matière organique et type de précurseurs présents dans les eaux, et par la suite la part du COT dans la DCO. Aussi le type de traitement a un effet très important sur la diminution de la formation des THM et COX, ce qui est montré lorsqu'on a procédé par l'étape de la coagulation avant chloration, nous avons remarqué une nette diminution de tous les THM formés en particulier le chloroforme, le bromodichlorométhane et le dichlorométhane. De ce fait, il est maintenant bien clair que le procédé de traitement des eaux de la ville de Casablanca au Maroc, doit être corrigé et adapté à la nature de l'eau brute. Comme première correction, une coagulation avant l'étape de la chloration, s'avère nécessaire, avantageuse et mois coûteuse, afin de minimiser l'effet de la pollution sur la formation de THM et des COX, pour le cas de la ville de Casablanca au Maroc.

Cette étude nous a permis de contribuer à l'amélioration de la qualité d'eau en diminuant d'une manière importante la formation des THM et COX. Ceci par l'inversement de l'ordre des deux premières étapes de traitement tout en situant la chloration après la coagulation.

Sachant que les eaux naturelles de Bouregreg et d'Oum Erbia sont cibles de plusieurs types de pollution, généralement déversées à l'état brut, d'où l'enrichissement de ces eaux par plusieurs précurseurs facilement et difficilement oxydables par le chlore. Ce dernier autant que désinfectant, réagit sur ces précurseurs tout en formant des sous-produits dangereux dans leur nature et teneur qui dépend étroitement de la nature de la pollution. Pour cela nous avons travaillé dans la présente étude sur des eaux similaires aux eaux naturelles de bouregreg et Oum Erbia et nous les avons contaminées par différents précurseurs.

Les résultats ont montré qu'en présence de différents types de polluants organiques, la chloration directe génère la formation des teneurs importantes en THMs et COX, en particulier des valeurs élevées en chloroforme. De même, la proportion des THM dans les SPD est plus élevée que celle des COXs et surtout dans le cas où le COT et la DCO sont élevées, comme dans les eaux naturelles du barrage Oum Erbia.

De même, lorsque les eaux sont contaminées par un mélange de précurseurs en présence d'acide humique pour représenter le cas d'une pollution diverse, des concentrations importantes en THM et chloroforme sont enregistrées, mais toujours inférieures à celles détectées dans les eaux contaminées uniquement par le résorcinol qui constitue un bon précurseur du chloroforme.

Finalement, Nous avons montré que la formation des THMs et COX dépend de la nature de la matière organique et du type de précurseurs présents dans les eaux (résorcinol > acétone > phénol) et, par la suite, la proportion du COT par rapport à la DCO. Sachant que la production d'eau potable au Maroc commence par une chloration ou préchloration, nous avons démontré dans le présent travail que cette chloration constitue un énorme danger touchant en premier lieu la qualité sanitaire de l'eau qui ne peut se résoudre que par une intervention au niveau des différents procédés de traitement et en particulier la préchloration, aussi une représentation des normes liées aux différentes sources de pollution commencent par l'état des lieux de ces eaux de surface chose qui va nous renseigner sur la nature des substances à surveiller, et qui n'est pas forcement celle dans d'autres pays.

Comme recommandation dans ce travail nous pouvons dire d'une part que l'état actuel des eaux servant à l'alimentation en eaux potables de la ville de Casablanca nécessite une amélioration des procédés de traitement commençant par une coagulation et allant à l'ozonation en laissant la chloration à la dernière étape. D'autre part que les normes de contrôle restent insuffisantes pour déclarer ou juger que l'eau consommée ne présente pas de danger.

Ce travail demande à être complétée par l'identification de la nature des différents précurseurs polluant chaque eau de surface, ainsi que les paramètres à suivre, et la détermination de la place de l'étape de chloration dans le procédé de traitement, en prenant en considération la nature de la pollution en amont.

RÉFÉRENCES BIBLIOGRAPPHIQUES

Adam O. et Y. Kott. (1990). Bacterial growth potential in the distribution system. Dans : Microbiology in civil engineering, Howsam, P. (éd.), E. & F. Spon, Londres, Angleterre.

American Public Health Association (APHA), American Water Works Association (AWWA), et Water Pollution Control Federation (WPCF), 1999. Standards methods for examination of water and wastewaters. 20ième éd. American Public Health Association, American Water Works Association et Water Pollution Control Federation, Washington, DC.

ARRIS. S. (2008). Étude Expérimentale de l'Élimination des Polluants Organiques et Inorganiques par Adsorption sur des Sous Produits de Céréales, Thèse de doctorat, Université de Constantine, Algérie

APHA (1999). Standards methods for examination of water and wastewaters. American Public Health Association (APHA), American Water Works Association (AWWA) and Water Pollution Control Federation (WPCF), Washington, D.C., États-Unis.

Baribeau. H. (1995).Évolution des oxydants et des sous-produits d'oxydation dans le réseau de distribution d'eau potable de Ville de Laval. Thèse de Doctorat, École Polytechnique de Montréal, Montréal, Canada

BENZHA, F. (2007). Hydrogéochimie d'un écosystème aquatique : cas des lacs réservoirs : IM fout douarat et sidi mâachou sur l'oued Oum Rbia. Impact du sédiment sur l'eutrophisation. Thèse de Doctorat, Université Hassan II, Casablanca, Maroc.

Berne. F.et Cordonnier. J., (1995). Industrial water treatment, Edition Technip Paris

CHEGGARI Karima Thèse de Doctorat National en Chimie de l'Eau et de l'Environnement

Block J.C., K. Haudidier, J.L. Paquin, J. Miazga et Y. Lévi. Biofouling, 6, (1993) 333-343.

Catalogue Général Septembre 2008, www.tintometer.com

Centre d'Expertise en Analyse Environnementale du Québec, Détermination du carbone inorganique dissous, du carbone organique dissous et du carbone organique total : méthode par détection infrarouge, MA. 300 – C 1.0, Rév. 1, Ministère du Développement durable, de l'Environnement et des Parcs du Québec, 2007.

Centre d'Expertise en Analyse Environnementale du Québec, Détermination de l'azote total dans l'eau : méthode colorimétrique automatisée avec une digestion UV, réduction au sulfate d'hydrazine et dosage avec le N.E.D., MA. 303 – N tot 1.0, Ministère du Développement durable, de l'Environnement et des Parcs du Québec, 2006, 13 p.

Centre d'Expertise en Analyse Environnementale du Québec, Détermination des trihalométhanes dans l'eau : dosage par « Purge and Trap » couplé à un chromatographe en phase gazeuse et à un spectromètre de masse, MA. 403 – THM 1.0, Rév. 2, Ministère du Développement durable, de l'Environnement et des Parcs du Québec, 2008, 15 p.

Centre d'expertise en analyse environnementale du Québec. 2008. Détermination des composés organiques volatils ; dosage par « Purge and Trap » couplé à un chromatographe en phase gazeuse et à un spectromètre de masse, MA. 400 – COV 1.1, Rév. 1, Ministère du Développement durable, de l'Environnement et des Parcs du Québec, 18 p.

CEAEQ (2008). Méthode d'analyse. Détermination des composés organiques volatils : Dosage par « Purge and Trap » couplé à un chromatographe en phase gazeuse et à un spectromètre de masse, Méthode MA. 400 – COV 1.1, Rév. 1. Centre d'expertise en analyse environnementale du Québec. Ministère du Développement Durable, de l'Environnement et des Parcs du Québec, Québec, QC, Canada, 18 p.

Cenkin, V.E., et Belevstev, A.N. (1985). Electrochemical treatment of industrial wastewater. Effluent Water Treatment J. 25(7) : 243-247.

Chapin, R.M. (1929). Dichloro-amine. *Journal of the American Chemical Society*, 51(7), 2112-2117.

Chen W.J. et Weisel C.P. (1998). *J. AWWA*, 90(4), 151-163.

Cimetière. N. (2006) Étude de la décomposition de la monochloramine en milieu aqueux et réactivité avec des composés phénoliques. Thèse de Doctorat, université de Poitiers, France.

Cimetière, N., 2009. Étude de la décomposition de la monochloramine en milieu aqueux et réactivité avec des composés phénoliques. Thèse de Doctorat, Université de Poitiers, France.

Curieux. LE . F., Erb. F et Marzin. D. (1998). Identification of genotoxic compounds in drinking waters. Revue des sciences de l'eau n° spécial (1998) 103-118.

Crowther. R et Partners Ltd. (2000) Canadian water treatment study: water treatment and disinfection byproducts. Edmonton (Alberta). Septembre.

Desjardins R., Jutras. L et Prévost. M. *Rev. Sci. Eau*, 2, (1997)167-184.

Doré.M (1989) Chimie des Oxydants et Traitement des Eaux. (Éditeurs), Technique et Documentation-Lavoisier, France.

Debord, M et Von Gunten, U ; 2008. Réactions of chlorine with inogranic and organic compounds during water treatment—kinetics and mechanisms : A critical review, water Research 42, pp 13-51.

Dégréement/Mémento technique de l'eau, Paris 1978

Direction de l'hygiène du milieu, Direction générale de la protection de la santé (1995). Étude nationale sur les sous-produits de désinfection chlorés dans l'eau potable au Canada. Ministre des Approvisionnements et Services Canada, Cat. H46-2/95-197F, ISBN 0-662-80980-7 95-DHM-197,Canada, 7 P.

Direction de l'hygiène du milieu, Direction générale de la protection de la santé (1995). Étude nationale sur les sous-produits de désinfection chlorés dans l'eau potable au Canada. Ministre des Approvisionnements et Services Canada, Cat. H46-2/95-197F,ISBN 0-662-80980-7

Foutlane. A , Bouloud. A , et Ghed. K., (1997D). irection du Laboratoire Qualité des Eaux, ONEP, Rabat, Maroc « Restauration de la qualité des eaux des retenues de Barrages » Freshwater Contamination (Proceedings of Rabat Symposium S4, April-May 1997).IAHS Publ. no. 243.

Gleik H. 2001. The World's water 2000-2001. Washington, DC : island Press, source : rapport de l'academie des sciences 2006

Gérard Gros Claude, L'eau usage et polluants, Coord tome II INRA 1999

Guergazi, S., Achour, S., 2005. Action oxydative du permanganate de potassium sur la matière organique des eaux naturelles. Courrier du Savoir 6, 53-59.

Hanson. H.F., Mueller. L.M., Hasted. S.S et GOFF. D.R. (1987) Rapport AWWA Research foundation, 156.

Hervé, G., Urs Von, G., 2002. Chlorination of phenols: Kinetics and formation of chloroform. Environ. Sci. Technol. 36 (5), 884-890.

Hureiki, L., et Croue, J.P. 1996. Identification of chlorination by-products of two free amino acids, proline and methionine, using GC/MS. J. Water Sci. 2: 249-264

KHLIL. N. (2012). État des lieux des Microcystines (MCs) dans les eaux alimentant le grand Casablanca et état de l'art de l'optimisation de l'élimination de la MCLR, par chloration, en utilisant la Méthodologie de Surface de Réponse (RSM), Thèse de Doctorat d'état, université de Hassan II, Casablanca

Laferrière M., Levallois. P et. Gingras. S. Vecteur Environnement, 32(3), (1999) 38-43.

Lefebvre, E., et Legube, B. 1990. Iron (III) coagulation of humic substances extracted from surface waters: effect of pH and humic substances concentration. Water Res. 24(5): 591-606.

Le Curieux, F., Erb, F., et Marzin, D. 1998. Identification of genotoxic compounds in drinking waters. J. Water Sci. **(No. spécial):** 103-118.

Legube, B., Croué, J.P., et Doré, M. 1985. Organic micropolluants in drinking water and health. International Symposium, Amsterdam, Pays Bas.

Lechevallier M.W. (1990) A review. J. AWWA, 82(11), 74-86

Lechevallier M.W., Becker W.C., Schorr P.et Lee R.G., (1992). AOC reduction by biologically active filtration, Rev.Sci Eau, 5 (n° spécial), 113-142.

Mayet J., La pratique de l'eau, le Moniteur, Paris 2eme édition 1994

Morris, J.C, 1978. The chemestry of aqueous chlorine in relation to water chlorinations. Dans : Jolleys, R.L. (Ed). water chlorination : environmental impact and health effects, volume1. Ann Arbor Science Publisher, Michigan, pp. 21-35.

Miquel. MG. (2001). Les effets des métaux lourds sur l'environnement et santé-rapport de l'office parlementaire d'évaluation des choix scientifiques et technologiques, France

Norme Marocaine des eaux brutes, ONEP (1993).

NM 03.7.001 « qualité des eaux d'alimentation humaine » (2004) Norme Marocaine Homologuée Par arrêté conjoint du Ministre de l'Équipement et du Transport du Ministre de la Santé, du Ministre de l'Aménagement du territoire, de l'Eau et de l'Environnement et du Ministre de l'Industrie, du Commerce et des Télécommunications.

Norme Française : NF T 90-038 Octobre 1987

NRC: National Research Council Drinking Water and Health, (1980). vol 2, National Academy Press, Washington, DC

Olyer, A.R ., liukkonen, R.J., lukasewycz, M.T, Helkkila, K.E., Cox, D.A, ; et Carlson, R.M., 1983 chlorine didinfection of aromatic compounds, plynucleau aromatic hydrocarbons : rates, products and mechanisms, Environmental Science and Technology 17, P 334-342.

ORGANISATION MONDIALE DE LA SANTE (2000). Trihalométhanes. Dans : Directives de qualité pour l'eau de boisson; Volume 2. NM 03.7.001 Norme Marocaine, Qualité des eaux d'alimentation humaine.

Thomazeau. R (1981). Station d'épuration eaux potables - eaux usées, Précis théorique et technologique, Tec et Doc Paris Edition LAVOISIER

Reckhow, D.A. 1984. Organic halide formation and the use of pre-ozonation and alum coagulation to control organic halide. Ph.D. Thesis, Department of Environmental Science and Engineering, Chapel Hill, North Carolina.

Reckhow, D.A., Singer, P.C., Jolley, R.L., 1985. Water chlorination: Environmental impact and health effects. Ann Arbor Science Publishers, Ann Arbor, Michigan, Vol. 5, pp. 1229 1257.

Rodriguez M.J. et Serodes. J.B. *Water Res.*, 35(6), (2001) 1572-1586.

Rossman L.A., BROWN R.A, SINGER. P.C et NUCKOLS DBP. (2001). J.R. *Water Res.*, 35(14), 3483-3489.

Rodier J., 1996. L'analyse de l'eau. 8e éd. Dunod, Paris, France.

Rook J.J, (1980). in Water Chlorination : Environmental Impact and Health Effect, R .L Jolley et al . Ed. , Ann Arbor Science Publischers, Ann Arbor Michigan, , 3-85.

Roberts, J.D, et Caserio, M.C., 1968.Chimie organique moderne, Ediscience, Paris.

Santé Canada (2006). Recommandations pour la qualité de l'eau potable au Canada : document technique – Les trihalométhanes. Bureau de la qualité de l'eau et de la santé, Direction générale de la santé environnementale et de la sécurité des consommateurs, Santé Canada, Ottawa (Ontario).

Santé CANADA (1993). Site web:
www.hcsc.gc.ca/ehp/dhm/catalogue/dpc_pubs/rqepdoc_appui/rqep.htm

Standard Methods for the Examination of Water and Wastewater (20e édition) méthode 5220D et US Environmental Protection Agency, Methods and

Guidance for Analyses of Water (2e édition) méthode EPA 410.4 et ISO 15705-2002.

Saunier, B.M, et Selleck, R.E, (1979). The kinetics of breakpoint chlorination in continuous flow, sysytems, journal of American waterworks Association 71, pp 164-172.

Singer P.C. (1993).   Formation and characterization of disinfection by-products. Dans : Safety of water disinfection: Balancing chemical & microbial risks. Craun G.F. (éd.), ILSI Press, Washington, D.C., États-Unis

Soulard, M., Bloc, F. et Hatterer, A. (1984). Domaine d'existence des chloramines et des bromamines. Application au traitement des eaux. *Revue des Sciences de l'Eau*, 3, 113-136.

Springer Verlay _ Technologie des eaux résiduaires, Paris 1990

Vigneux-sur-Seine. (2005). présentation de L'usine de production d'eau potable.

Wolfe R.L., et Ward N.R., B.H. Oison Inorganic Chloramines as Drinking Water Disinfectants : A Review, Journal AWWA, vol. 76, no. 3, (1984), pp 74-78.

ZIDANE, F. (2007). Rapport de visite du complexe Bouregreg, ONEP

ZIDANE, F., LEKHLIF, B., BOULANGER, A., CHENGUITI, S., HACHIM, R., 2004. Évaluation de la qualité de l'eau potable alimentant Casablanca - Maroc. Cahiers de l'Association Scientifique Européenne pour l'Eau et la Santé 9 (1), 47-58.

ZIDANE. F, CHEGGARI. K, BLAIS. J.F, DROGUI. P, BENSAID. ZIDANE. et IBN AHMED. S. (2010) «Contribution à l'étude de l'effet de la coagulation avant chloration sur la formation des trihalométhanes (THM) et composés organohalogénés (COX) dans les eaux alimentant la ville de Casablanca au Maroc», Revue canadienne de Génie civil, volume 37 (8), p : 1149-1156.

ZIDANE. F, CHEGGARI. K, BLAIS. J.F, KHLIL. N, DROGUI. P et BENSAID. J (2012) « Effet de la chloration sur la formation de trihalométhanes dans les eaux alimentant la ville de Casablanca au Maroc » J. Mater. Environ. Sci. Volume 3 (1), p : 99-108 , ISSN: 2028-2508.

ZIDANE. F, CHEGGARI. K, BLAIS. J.F, DROGUI. P, KHLIL. N, et BENSAID. J « Effet de la pollution organique sur la formation de trihalométhanes et des composés organohalogénés : Cas des eaux de consommation de la ville de Casablanca au Maroc » Accepté sous le code 2011-0390 au Canadian Journal of Civil Engineering

Druck:
CPI Druckdienstleistungen GmbH
im Auftrag der
Zeitfracht Medien GmbH
Ein Unternehmen der Zeitfracht - Gruppe
Ferdinand-Jühlke-Str. 7
99095 Erfurt